# 产品设计项目前期管理

Front-end
management
of
product
design project

刘征 著

中国建筑工业出版社

图书在版编目（CIP）数据

产品设计项目前期管理／刘征著．—北京：中国建筑工业出版社，2019.5（2022.8重印）
ISBN 978-7-112-23798-2

Ⅰ．①产… Ⅱ．①刘… Ⅲ．①产品设计－项目管理 Ⅳ.
①TB472

中国版本图书馆CIP数据核字（2019）第103807号

本书受到浙江省健康智慧厨房系统集成重点实验室资助（项目编号：2014E10014），国家自然科学基金资助（项目批准号：51005203）。

责任编辑：吴绫　贺伟
文字编辑：孙硕　李东禧
责任校对：张颖

**产品设计项目前期管理**

刘　征　著

\*

中国建筑工业出版社出版、发行（北京海淀三里河路9号）

各地新华书店、建筑书店经销

北京锋尚制版有限公司制版

北京云浩印刷有限责任公司印刷

\*

开本：880×1230毫米　1/32　印张：6¼　字数：178千字
2019年5月第一版　2022年8月第二次印刷
定价：30.00元
ISBN 978 – 7 – 112 – 23798 – 2
　　　（34107）

　　通过对设计前期过程系统地规划，可以保障设计项目成功，提升新产品设计开发的质量。设计前期是指在产品设计项目中，设计具体概念方案产生之前的准备时期。它是新产品开发的重要下属阶段之一，是决策者寻找开发机会的必要环节，是管理者调动各种资源协调发展的主要阶段，是设计师搜索相关信息并进行创新准备的关键时期。正式、专业、系统的设计前期准备，在形成新产品开发策略、推动设计项目管理、促进设计认知创新方面起着决定性作用。然而，以往研究缺少对设计前期过程系统性地描述总结；缺少对影响设计前期准备的各种因素以及因素之间关系的整体分析；缺少对设计前期准备方法的发展和总结。因此，对复合有技术进程、社会进程以及认知进程的设计前期过程进行研究，具有重要的学术价值和实践意义。

　　在定义设计前期基本概念的前提下，本书采用设计科学（the Science of Design）研究的思路，通过案例分析、半结构式采访、问卷调查的方法观察分析设计前期活动，建立了具有不同抽象层次的设计前期过程描述性模型。引入认知地图的研究方法，通过定义设计前期状态、设计项目目标以及前期准备的手段，说明影响设计前期的各种因素以及它们之间的关系。利用通用问题解决理论、扎根信息处理理论、瀑布软件开发模型，建立了设计前期过程规范性模型。通过应用管理学、认知心理学和设计科学原理，结合不同类型活动的特征，提出方法改善设计前期准备质量，并通过实践案例对规范性模型进行验证。最后，结合设计知识特征，研究将知识管理应用于前期准备，供设计人员学习、借鉴和反思，从而提高前期准备的质量和效率。

本书的主要内容包括以下三个方面：

1）设计前期概念和基本特征。设计前期指在产品开发项目中，具体设计方案生成之前的准备阶段，是产品开发各个层面活动中，树立目标、酝酿概念的过程。设计前期具有复杂性和模糊性的特征。设计前期的特征决定了准备活动的必要性。在设计前期描述模型中，设计前期开始于企业决策者形成新产品开发的最初意图，结束于设计人员完成信息搜集，发现设计因素。设计前期对于新产品企划而言，是商业概念和策略生成的阶段；对于项目管理而言，是对开发资源合理安排的时期；对于设计活动而言，是设计师或设计团队搜集相关信息，进行认知准备的过程。

2）设计前期准备的基本方法。根据通用问题解决原理、信息处理扎根原理和瀑布软件开发模型建立了设计前期过程规范性模型。该模型利用人类处理信息的一般原理，提出前期准备的基本原则：解决设计问题，首先需要了解问题的基本状况，而后才能采用一定手段使问题由初始状态向目标状态转化。这里前期准备分为三个层面：第一个层面，建立新产品开发策略和设计要求的方法。开发策略和设计要求是关于"要做什么"的问题，而产品设计是关于"如何去做"的问题，前者是后者进行的前提。第二个层面，设计项目管理前期准备的方法。客户合作和设计小组合作是设计项目管理的重要内容。客户合作是设计开发的必要环节，只有客户不断地为项目输入必要的信息，才能支持开发方完成设计任务。设计合作是设计小组为了达成共同的设计目标，而建立的一种团队交流、合作方式。第三个层面，设计认知前期准备方法。在面临设计任务时，设计师需要以较为完整的信息框架模式理解设计问题，通过筛选设计信息，发现可以转化为方案的设计因素。

3）产品设计知识管理应用于前期准备。知识管理是对拥有的知识进行反思和知识交流的技术和企业组织结构，通过对智力资源的管理，可以达到促使企业创新、提升组织绩效的目标。知识管理系统工具与设计创新活动的融合，提升设计师学习、借鉴和反思的效率，改善设计项目准备的质量。

在本书出版之际，向浙江大学博士生导师孙守迁教授、武汉理工大学博士生导师陈汗青教授致以崇高的敬意和诚挚的感谢，是他们开启了我的学术生涯，才有以上研究成果。感谢中国美术学院文创制造业协同创新中心王昀教授的支持。感谢中国建筑工业出版社的编辑为本书的出版付出的辛勤工作。

2019.4于转塘象山

# 目录
CONTENTS

5 / 设计前期
过程规范
性模型

**6** / 知识管理在前期准备中的应用

# 1 / 绪论

全球经济迅猛发展的今天，具有"世界工厂"称号的中国制造业亟待升级、更新，其产业重点正逐步由生产加工向自主创新转变。在产品定位由成本驱动转化为需求驱动的过程中，设计在产品满足用户需求、提升产品价值、赢得市场竞争等方面发挥着积极的作用。设计不仅是企业市场竞争发展的主要策略之一，而且是产品创新的核心动力来源。在这样的背景环境下，设计研究者、教育者正面临着全新的机遇与挑战——将方法、理论、模型和工具注入产品设计中，持续提升设计的价值。

## 1.1 设计研究背景

### 1.1.1 国外设计研究的背景与方向

设计的研究虽然已经有漫长的历史，但建立在科学基础上的设计研究体系只有到第二次世界大战之后才逐步形成。早期对设计的研究，例如罗马的《建筑十书》，我国的《天工开物》、《梦溪笔谈》，都集中在手工艺经验知识范围之内，同经典的科学研究存在一定距离。设计学术界普遍认为，现代设计研究开始于 1962 年在英国伦敦举办的"设计方法会议"。这次标志性会议作为序幕拉开了设计方法的研究，设计第一次作为科学研究的对象进入了学术研究的范畴。

经过四十余年的发展，设计研究逐步建立和发展，其内涵不断深入发展。西蒙认为：设计是人类适应外部复杂环境的手段，设计科学是与自然科学相对应的知识体系。自然科学讲授的是关于自然事物本质的知识，通过发现事物的运作规律，来预测事物的发展变化。而设计科学是关于人造物的知识，是关于如何产生人造物的方法。简言之，自然科学的目的在于探索事物是怎样的（How things are），而设计科学的目的在于研究事物应该是怎样的（How things ought to be）。西蒙设计科学的概念并不单单指出建筑、产品、服装等通常意义上的设计领域，而将广泛的技术、工程、医学等领域也列入设计科学的范畴。

Cross 进一步进行了解释，他将设计研究内容分为两类——"对设计的研究"（Research into design）和"为设计的研究"（Research for design）。类比科学与技术的关系可以说明以上设计研究类型之间的差别。"科学"是描述、解释性的知识体系，它为人们提供辨认、预测、理解事物的基本标准，例如物理、化学、数学等属于这类知识体系。"技术"是实现性的知识体系，它为达到特定的目的提供手段，如计算机技术、建筑工程、医学等。"对设计的研究"是对设计活动的描述、解释，"为设计的研究"是为设计活动提出手段和方法，前者是后者的基础，后者又为前者拓宽领域。

"对设计的研究"又被称为设计科学（the Science of design），它包括对设计师设计活动和思维的研究，设计过程建构的研究，以及对设计知识在问题中应用的反思。设计科学通过分析设计活动，可以帮助我们加深对设计的理解，为应用系统性方法进行科学化设计提供前提。"为设计的研究"又被称为科学性设计（Design science），是指采用系统、理性的方法科学化地进行设计，包括对科学知识的应用以及设计活动自身。

Cross 归纳设计研究（设计方法）主要包括有五个方面的内容：

1）设计方式发展研究：系统方法的创立和应用。其中包括：产品质量保障方法、设计自动化、专家系统和人工智能系统在设计中的研究和应用。

2）设计过程管理研究：为执行设计项目建立的模型和策略。其中包括：工程和建筑领域系统化模型支持设计过程。

3）设计问题结构研究：对设计问题的本质进行理论性的分析。其中包括：设计问题的类型，设计形式语言和语法。

4）设计行为本质研究：对设计实践的经验观察。其中包括：采用草案分析和案例分析的方法对设计思维进行描述和探索。

5）设计方法哲学性研究：对设计行为的哲学分析和反思。其中包括：设计与科学之间的关系，设计思维和行为的理论概念的建立。

Aken 从设计知识的角度阐述了设计实践和设计研究的基本方向。Aken 认为所谓设计知识就是可以产生设计的知识，是由设计教育和工作经验得来的知识。设计知识可以分为三类，如图 1-1。

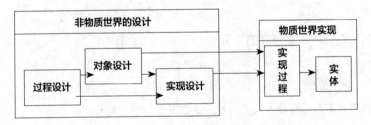

图 1-1　过程、对象和实现设计知识
图片来源：Aken V，Ernst J．Valid knowledge for the professional design of large and complex design processes．2005

1）对象知识（Object knowledge，Substantive knowledge）。这类知识是有关产品及其材料、结构、性能、特征、属性的信息。手工艺时代，对象知识依靠耳提面命的代代相传；从工业革命之后，设计同实现过程相分离，对象知识由于专业分工而迅速积累。一个新设计很大程度上可以看作是由以往设计对象以及众多设计前辈所暗示的设计决策、选择的集合。

2）实现知识（Realization knowledge）。这类知识是有关实现设计人造物的多种物质过程的信息，例如建筑施工过程、生产制造过程。实现知识是设计进化的结果，实现性设计多样化受到物质过程的限制，其自由度相对比较有限。

3）过程知识（Process knowledge，Operation knowledge）。这类知识是有关设计过程特征、属性的信息，应用于组织复杂设计项目、指导设计活动，从而提高设计质量。过程知识是非物质性的规划，由两方面的设计模型组成：一方面是对设计过程和活动进行描述的模型，另一方面是根据结构性知识提出规范设计过程的模型。过程知识的内容一方面是流程的安排，使设计活动按部就班地完成，减少流程的反复和循环；另一方面是对任务的分配，使各个领域不同专业的人员相互配合，合作完成设计项目。

Cross 对设计研究的方向划分偏重于其他学科同设计学科的交叉；而 Aken 对设计研究的方向划分则集中在设计实践过程相关知识。两者的结合可以为设计研究范畴划定范围。

## 1.1.2 国内设计研究的背景与方向

我国设计研究起步较晚，设计基础研究还处于摸索阶段，但随着我国设计产业的迅速发展，设计理论愈发受到学术界和产业界的重视。清华大学李砚祖教授从设计艺术学科结构和范畴的角度出发，根据我国设计教育的情况，提出了设计艺术学研究的基本框架。它们包括设计艺术专业知识层面、设计艺术方法层面、设计艺术科学层面、设计艺术哲学层面，具体的方向有以下十个方面：

1）设计艺术哲学研究。

2）设计艺术形态学、符号学研究。

3）设计艺术方法学研究。

4）设计决策与设计管理研究。

5）设计艺术心理学研究。

6）设计艺术过程与表达研究。

7）设计艺术经济学、价值学研究。

8）设计艺术的文化学、社会学研究。

9）设计艺术的教育研究。

10）设计艺术批评学与设计艺术史学研究。

通过搜集我国现有有关设计艺术学以及产品设计方面的研究资料，对比以上国内外设计研究的基本方向，总结我国设计研究现状，可以发现存在以下三个方面的突出问题：

1）国内设计研究中缺少应用科学原理认识设计活动的研究方法，缺少将设计中的科学性和艺术性相结合探讨设计领域问题的方法。

2）国内设计研究中缺少有关设计领域自身规律的探索。交叉性是学科研究发展的重要趋势之一，特别对于设计学科，它同心理学、社会学、管理学、计算机科学、机械工程学等众多学科都有着密切的联系。然而，跨学科研究必须基于多方面学科深入认识，在研究中有关设计活动自身的特征常常被忽略。只有突出设计创造活动的特征，只有突出设计行业运作的特征，才能真正地反映设计研究领域自身的规律。

3）国内设计研究中缺少基于设计实践的探索。设计学科是一门应用性很强的学科，设计理论来源于实践，只有科学的设计理论才能用来指导实践。实践出真知，否则理论只是空中楼阁。

## 1.2 设计项目研究背景

设计前期是指在产品设计项目中，设计具体概念方案产生之前的准备时期，它是产品开发的重要下属阶段，是决策者寻找产品机会、决定投资项目的重要环节，是管理者调动各种设计资源、统筹规划的主要阶段，是设计师搜索相关信息、进行创新准备的关键过程。正式、专业、系统的设计前期准备在推动产品开发规划、设计项目管理、设计认知创新等方面可以起到决定性作用。

设计前期研究属于设计过程研究的范畴，包括对设计活动的分析以及对设计方法的探索。本小节对设计前期研究背景进行讨论，总结设计前期的特征和研究现状，指出以往研究中存在的问题和研究目标。

## 1.2.1 设计前期的特征

前端(Front-end)、设计过程早期，是新产品开发中的一个重要概念，主要是指企业在投资和产品开发前的一个准备阶段，以确保时间和资金不会被浪费。本研究将前期概念外延由管理、决策学科领域扩展到工业设计领域，设计前期指在设计方案生成之前的准备阶段，是对各个层面活动酝酿概念、树立目标的过程。重视设计前期研究基于两个方面的原因：一方面，设计前期管理是决定项目成功的重要因素之一；另一方面，设计前期是设计认知创新准备的重要阶段。

然而，设计前期具有复杂性和模糊性。设计前期活动类型复杂、参与角色众多。设计前期的活动包括：策略建立活动、项目管理活动、认知创新活动、交流合作活动等多层面活动，这些活动自身不仅包含有多种因素，而且还影响到其他环节。设计前期参与部门与人员包括：市场部、产品部、设计部、策划部、生产部、供应商以及企业决策者、管理者、执行者等。如何明确这些因素之间的关系，深入认识设计前期的各个环节，是设计前期研究的重点之一。设计前期状态具有模糊性，模糊状态中既蕴含着创新的机遇，又隐藏着导致项目失败的隐患。如何明确组织内外部条件的变化，减少设计问题的不确定性因素，也是在前期研究领域应该探讨的问题之一。

此外，随着设计项目规模的扩大、复杂程度的加深、设计质量要求的提升，设计前期规划的重要性越来越突出。依靠面对面地随机性交谈，非正式地反馈和合作模式渐渐无法应对设计发展过程中产生的错误和偏差。产品开发必须依赖正式、专业的设计过程规划去组织安排设计活动，以提升开发质量。设计前期研究正是对这方面理论的积极探索。

## 1.2.2 研究现状与问题

以往设计前期研究集中在设计过程研究和项目管理研究两个领域。

设计前期研究属于设计过程研究，是设计专业分工和设计知识积累的结果。工业革命的到来结束了设计同制造在一起的手工艺历史，迎来了设计同制造分工的大规模生产时代。由于新产品开发涉及领域广泛、参与人员众多，所以设计项目只有通过整体规划、统一安排才能完成设计目标。回顾设计的发展历史可以发现，对设计过程的研究是设计演化的必然趋势，是促进科学性设计的有效途径，如图1–2。设计过程管理研究在过去四十多年中一直是设计研究的热点。研究者从不同的角度出发，基于案例或经验描述设计过程、划分设计阶段、说明活动特征，并提出规范设计流程方法，其中也包括设计前期的基本活动和目标：

1）设计活动可以看作循环分析、综合、估量的过程，由最初抽象概念向具体方案转化的过程，设计前期是分析、分解阶段，是将总体问题分解为下属问题的过程，包括对象分类、建立功能和设置要求的过程。

2）设计活动是一系列决策活动，设计开始于初始功能要求的陈述。

3）设计由一系列阶段组成，每个阶段开始于计划，结束于反思。

4）设计包括六个阶段，其中程序化、数据收集、分析和综合是前期的主要活动。

5）设计前期主要对任务分类，包括分类和定义设计任务、决定功能要求、寻找方案的下属功能和守则。

6）设计开始于可行性研究阶段。

7）设计前期是将商业需求发展为设计策略的阶段，是设计人员理解基本需求、建立设计要求的时期。

归纳以上模型可以发现认识设计过程的角度各不相同，对设计前期活动的归纳和描述各不相同，但总体而言对设计前期过程的描述相对比较抽象，对设计实践者而言可操作性弱。

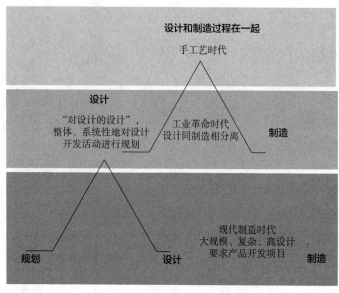

图1-2 "对设计的设计"

项目前端是设计管理领域研究的热点之一。良好的前端管理可以大大提高后期工作的效率和质量，项目开发80%的费用开支是在项目前端所决定的，所以对项目前端的规划尤为重要。以往研究中对项目前端的模糊性进行了讨论。根据前期模糊状态，使用模糊理论对前端进行了分析，建立了前端模糊状态、各种手段方法同设计项目成功的因果模型。从项目合作的角度，以往研究中对客户在项目前端活动对项目的影响进行了分析，归纳了客户在设计前期发展设计要求的过程，总结了客户在前期活动中存在的困难。但管理领域以往研究对前端在整个开发过程中的本质认识还相对有限，更缺少从设计项目同设计活动结合方面的深入研究探索。

总之，以往研究缺乏对前期过程细致的分析；缺乏结合设计活动自身特点，对设计前期准备方法的总结归纳；缺乏对影响设计前期准备的各种因素的认识。因此，本研究需要进一步深入挖掘设计前期活动的具体特征，提出有效支持前期的活动方法，为指导设计实践提供依据。

### 1.2.3 研究方法与意义

本书从设计科学、管理科学、认知心理学学科领域出发对设计前期过程进行研究，在计算机科学技术领域应用于设计知识管理方法支持前期准备。研究涉及的学科领域如图 1-3 所示。

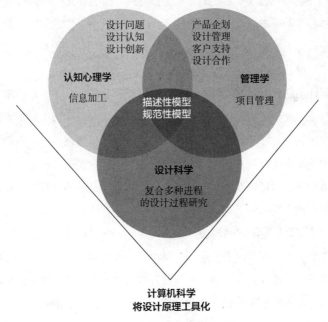

图 1-3　设计前期研究涉及领域

根据设计前期活动的特征，本书采用设计科学研究的一般思路，通过社会调查方法观察分析设计前期活动。选择可以全面、高效地获取数据资料的三种调查方法：

1）个体案例调查。通过案例研究可以更为深刻地认识设计过程，了解实现设计的每一个步骤，集合个案研究可以发现个案之间是否具有共同的特征。笔者从直接参与的项目中选择了四个产品设计开发案例，通过回顾记录笔记、参与成员采访和查阅相关记录文件，进行分析对比，为建立设计前期过程描述性模型奠定基础。

2）半结构式采访。调研采访具有多年设计工作经验的设计师和专家。被采访者根据问题进行开放性地回答，双方也可以对感兴趣的相关问题进行深入交流，整个过程持续 40 分钟以上，同时采用 MP3 录音记录，供后期材料分析。半结构式访谈可以获得实践细节，丰富对前期活动的认识。

3）问卷调查。问卷调查是对以上调查方法的补充，可以普遍反映设计师存在的基本情况，特别是设计新手前期准备存在的问题。调查经过问卷设计、事前测试、调整完善三个阶段，以问卷形式发放给调查对象，经过统计得出结论。

设计前期研究具有实践价值。在全球经济化的冲击下，中国制造业依赖抄袭、廉价生产的生存发展道路越来越行不通，中国由制造大国向设计大国转变，形成具有中国特色的产品设计风格势在必行。先进设计开发理论是产生具有真正创新价值新产品的基础，是改变企业自主研发力量薄弱状态的发展途径之一。设计前期研究正是为明确开发流程、提高开发管理水平提供了理论依据。

此外，设计前期研究对设计服务标准化、促进设计行业整体提升具有重要意义。改革开放四十年，产品设计行业发展迅速，作为重要的生产性服务业，推动着我国制造业转型升级。在知识经济环境下，标准化新产品开发模式是提升设计创意价值、形成可持续发展的必由之路，设计前期研究正是形成标准的理论前提之一。

设计前期研究具有学术价值。首先，设计前期研究提出了利用设计科学的研究方法和程序解决设计领域问题的思路，提升设计研究的科学性，对我国设计教育和设计研究的发展具有一定的参考价值。其次，以往我国设计研究中对设计过程的研究相对比较少，对设计过程的认识依然停留在比较粗糙的层面上。从设计科学的角度出发，对设计前期的深入探索可以弥补这方面的不足。最后，设计前期研究的成果可以应用于其他领域，为科学化的设计奠定基础。特别是设计前期的研究为计算机辅助工业设计（CAID）的发展提供了新的思路。计算机辅助工业设计技术只有在明确了设计师的创新需求后才能做到有的放矢，而非为了技术而技术。

# 设计前期
# 基本概念

本章通过说明设计前期研究的背景，定义设计前期的基本概念，将设计前期的外延由管理学领域扩展到设计科学领域，主要内容包括：

1）设计过程以及项目流程的基本概念。

2）设计前期的基本概念。

3）设计前期的基本状态属性，说明前期模糊的原因。

4）总结设计前期的基本作用。

## 2.1 设计过程研究

设计前期研究属于设计过程研究的内容之一。设计前期研究首先需要从了解设计过程研究入手。

### 2.1.1 设计过程研究

重视设计过程研究是设计活动发展到一定阶段的必然趋势，通过简略回顾设计演化过程，说明设计过程研究的本质。

广义上，设计是人类为了适应环境而改变周围事物所采取的活动。

劳动产生了人类，设计活动也随着人类诞生而产生了。从石器时代开始，人类的设计活动就开始考虑物品的功能、材料、形状、人机以及制造等诸多因素了。但直到近代，设计以及制造的过程都是由手工艺人完成。设计的革新和演化在缓慢的节奏中进行。现代设计是从传统手工艺发展演化而来的。众所周知，在第一次工业革命巨大的生产力推动下，设计活动从手工业中分工出来，逐步成为一种专业发展起来。设计和制造的分离是现代设计形成的标志，也是设计活动突飞猛进的开始，它意味着设计师不再参与整个开发生产过程，主要通过草图来创造生成概念；而生产制造是设计概念的实现手段，由工程技术人员负责完成。设计实现向设计对象的转化使设计知识产生和积累的速度大大提升。

随着大型、复杂设计项目的出现、设计质量要求的提升，设计活动不单只是产生方案的活动，整个设计流程只有通过管理才能有效地运作起来。对设计过程的组织一方面是流程安排，使设计人员和步骤紧密配合，减少其中的反复和循环；另一方面是对任务的分配，使各个领域不同专业的人员相互配合，合作完成设计项目。设计活动的再次分化标志着设计的又一次飞跃，设计过程知识随着分化迅速积累，成为设计知识的重要组成部分，用于指导组织管理设计活动，提高设计质量和效率。

## 2.1.2 过程模型特征

设计过程知识，又被称之为操作知识，是有关设计过程特征、属性的信息。同设计实现过程相比，设计过程存在自由度大、限制因素多样的特点。在实现和制造的过程中，由于工程师参与以及仪器设备物质条件的限制，实现步骤、方法事先已经决定，相对固定、自由度小、可靠性强。而设计过程发生在非物质环境中，属于人类的行为系统。在设计师内化的主观环境中，设计过程的规划自由度比较大、可靠性相对弱，一般仍然处于非正式、以个性经验为基础的状态中。

设计过程模型可以分为两种类型：一种是描述类型，将设计过程中的各种活动视为研究的对象，分析归纳其中的规律，便于科学地理解设计现象；一种是规范类型，建立对设计活动一定分析认识的基础之上，提出更为合理地、系统地组织设计的方法，以便提高设计的质量和效率。本研究的基本框架建立在两种模型的划分基础上。

设计过程模型遵守"最小化原则"，即模型只是针对设计过程中的某个问题进行研究。因此，设计过程的模型多种多样，每个模型针对具体的对象和范畴，具有不同的抽象程度。本研究的对象就集中在设计前期。以下比较四个设计过程模型，从不同角度认识设计过程和前期过程的特征，为提出设计前期概念搭建理论基础。

## 2.1.3 模型回顾比较

### 2.1.3.1 一般设计任务模型

从设计任务宏观角度出发认识设计过程，设计是由抽象概念向具体实物转化的过程，一般包括准备阶段、初步阶段、深化阶段以及完善和评价四个阶段，这四个阶段流程并不是一种线性发展，存在着反复和循环。以设计师任务角度，一般设计任务模型简要说明了各个阶段的基本活动，如图 2-1。

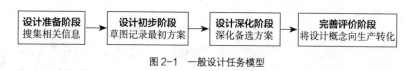

图 2-1　一般设计任务模型

1）设计准备阶段。设计师接受任务，根据设计要求，搜集相关的信息。

2）设计初步阶段。该阶段对设计信息进行深入加工，寻找设计因素，利用草图记录和表现设计的构思。

3）设计深化阶段。从备选方案选择可以深入的案例，对其人机交互、形态特征、生产工艺等细节问题进行协调、完善，效果图、工程图的绘制等。

4）完善评价阶段。多方参与人员根据设计要求评价方案，根据具体评价意见调整设计，做好设计方案向工程制造转化的准备。

### 2.1.3.2 面向设计认知的概念设计过程模型

研究者利用 CommonKADS 概念建模方法，基于认知心理学草案分析，建立了概念设计过程模型。模型用于帮助理解设计师设计认知过程，说明应用知识解决设计问题的一般方式，如图 2-2。该模型是在

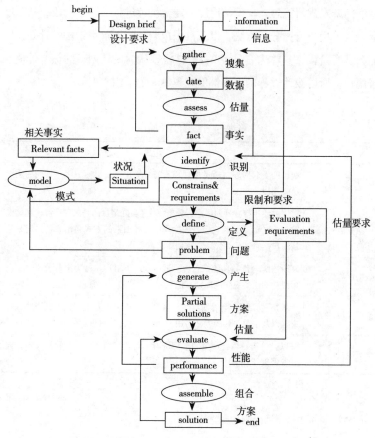

图 2-2　利用 CommonKADS 建立的概念设计过程模型

图片来源：Kruger，C. Cognitive strategies in industrial design engineering. 1999

认知层面对设计活动的描述。面向设计认知概念，设计过程模型把设计分为八种活动任务，其中前五种认知活动可以看作是设计前期准备的认知活动：①收集数据；②估计价值和准确的数据；③识别限制和要求；④行为和环境模型化；⑤定义问题和可能；⑥产生部分方案；⑦估量方案；⑧组合相关方案。

### 2.1.3.3 结构性计划模型

结构性计划（Structure Plan）是一种规范性设计过程模型，对创新性产品开发进行管理。模型从广度上规定设计过程的各个阶段；从深度上概括了用户行为分析方法，以获得用户内在的需求。结构性计划模型分为五个阶段，具体内容见表2-1。该模型认为设计创新的核心价值在于用户，所以设计过程的安排都围绕观察、了解用户展开。

结构性计划的五个阶段　　　　　　　　表2-1

| 阶段 | 定义 |
| --- | --- |
| 项目定义阶段 | 项目的发起阶段，通过规划和研究，优化项目目标，用一系列的文档定义项目开发 |
| 行动分析阶段 | 对用户使用存在的问题进行分析，通过明确用户的需求和产品的功能，发现设计的问题和机会。该阶段以设计因素的方式将信息汇总起来，是用户信息转化为设计进行创新的重要环节 |
| 结构性阶段 | 该阶段综合产品功能信息，通过由上而下对用户行为进行分析。根据相似功能重新组织的原则，建立一个全新的产品概念 |
| 综合阶段 | 为了拓展设计小组的创新性，该阶段应用由下到上、由上到下的综合方法以及手段、目的方法对用户和产品功能信息进行综合 |
| 交流阶段 | 将以上分析、综合产生的丰富资料，组织小组成员进行再次交流，充分发展创新性设计 |

### 2.1.3.4 通用概念设计框架模型

通用概念设计框架模型（General Framework for Concept Design）是

一个涵盖产品和建筑行业的设计过程模型，用于指导交叉领域的设计合作。该研究采用分类和抽象的方法，通过对以往文献回顾、设计工作坊观察和个别设计案例分析，建立了具有不同抽象层次的基本框架。通用概念设计框架既可以帮助理解复杂的设计与商业结合过程，达成多领域产品开发的共识；又可以结合到具体的设计项目中，具有良好的应用性，如图 2-3。

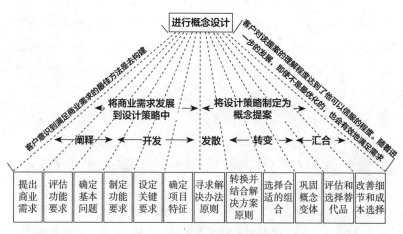

图 2-3　通用概念设计框架模型
图片来源：Serastian M，John S，Simon，A et. al. Development and verification of a generic framework for conceptual design. 2001

在通用概念设计框架模型中，设计过程可以理解为商业需求向设计策略转化以及设计策略向设计方案转化两大阶段，向下划分为解释需求、发展设计参数、发散搜寻方案、概念转化以及集合提出方案五个分阶段。模型可以继续分解说明在分阶段下更为具体的设计活动。在这里着重对设计前期具体的设计活动进行回顾：

1）详细说明项目的商业需求。当设计小组得到客户的商业提案后，最基本需求必须被重新分析认识。一般通过客户撰写设计摘要或是设计人员同客户之间的交流来完成。在任何设计探索尝试之前，设计小组必须充分认识和理解需求。只有收集到各种可能的信息之后，设计小组才能产生一个定义准确的项目陈述。

2）估量参与人的要求（在建筑行业，设计对客户的依赖性比较大）。该阶段要明确设计项目的商业需求，并从客户或设计要求中提取最为强烈的需求。要达到搜寻方案的边界，首先需要对客户的要求进行评估。所有的方案探索必须在客户要求的范围内，否则客户无法接受设计。因此，客户需求应当提取和记录，保证满足。

3）对已有方案问题的识别。设计小组需要对目前已有想法的不足和限制进行发展。这样不仅可以帮助形成问题，而且可以提升方案为主的思维发展。此外，设计方案一般需要解决产品或系统中存在的缺陷。因此，该阶段应当识别已有方案的问题和缺陷，用以指导设计活动。

4）发展设计要求。设计小组在该阶段拓展可以接受方案的边界。只有识别使用设施或系统的真正用户，通过询问他们了解设计价值所在，才能有效地扩展方案空间。这个行为也为设计小组将自身经验和专业知识结合到设计环境中提供了机会。必须遵守客户要求是设计的前提，但只有通过引入更多创新性的要求，才可以推动设计师发展更为革新的提案。该阶段活动允许设计小组同客户再次讨论设计要求，进而发展功能结构。

5）设定要求。该阶段将客户和设计小组引入的设计要求列为清单。这些要求用一些词语来定义，既要足够细致可以为设计提供方向，又要足够丰富可以有比较广泛的搜索。相似的要求应该在这个阶段结合，并不现实的要求应该放弃或重新估量，保留的要求将被视为项目的关键。

6）决定项目特征。预先的要求决定了搜索空间，该阶段将设计要求清单发展为价值树。为了明确每个设计要求对项目成功的价值，要求的重要程度需要分出等级。等级化的要求对概念设计方案的估量，起到重要作用。

## 2.2 设计项目流程

产品开发是复杂的系统工程,是企业发展的主要商业运行模式之一,设计活动是产品开发的重要内容之一。上一节对设计前期的设计研究背景进行了综述,本节从管理学领域分析设计前期的背景。

### 2.2.1 产品开发基本概念

产品开发是企业满足客户需求、获取竞争优势的重要创造性活动,它涉及多方面多领域,是一个包括商业战略、资金、技术、人力资源、文化等众多因素的复杂、系统性工程。随着全球化市场的发展,市场形态的演化,企业只有通过产品开发,才能缩短产品生命周期,灵活、快速地应对市场变化,准确、及时地把握商机。产品开发已经成为企业发展不可或缺的商业运行模式。然而,在各个行业中新产品开发的成功率往往都比较低,产生这样的结果原因很多,前期准备疏漏是其中之一。

在企业中,产品开发是以项目的形式运作。项目是将企业制定的战略发展目标转化为具体开发活动运作形式,项目通过管理活动调动企业的各种资源完成预设的目标。非传统、非重复、创新性是项目运作同一般重复活动性工作流程相比的最大特征。

设计是一种创造性的活动,其目的是为物品、过程、服务以及它们在整个生命周期中构成的系统建立起多方面的品质。以设计活动为主体的设计项目是产品开发项目类型之一,是本书研究的重点。同其他开发项目类似,设计项目通过管理产品开发中相关时间、成员、资金等因素获得商业利润。与其他性质项目不同,设计项目是以外观设计为产品开发的对象和手段,协调处理设计同技术、工程、生产制造、市场营销等诸多环节之间的关系。设计项目一般可以分为外观设计主导型和外观设计辅助型。

## 2.2.2 项目流程基本概念

项目流程，也被称为项目生命周期（Project Life Cycle），是指对项目发展各个阶段不同目标和活动的描述。在管理学层面，项目生命周期一般分为四个阶段：

1）概念阶段，是指项目的初始目标和技术规格，确立工作范围、组织成员和相关人。

2）计划阶段，主要制定详细的项目规范、图表、进度计划以及其他计划。

3）实施阶段，主要是项目的具体工作，团队的大量开发工作在这个阶段完成。

4）收尾阶段，项目移交给客户，资源进行重新配置，项目正式完成。

从项目流程阶段同工时之间的关系中可以发现，项目实施阶段是工作量投入最大的时期，如图 2-4。在项目实施阶段，具体开发活动实施不仅需要很多时间，而且常常会出现种种问题，因此项目管理常将注意力放在具体实施的细节问题上。然而在整个项目流程中，忽视项目前期规划，就等于忽视产品开发的价值和方向。

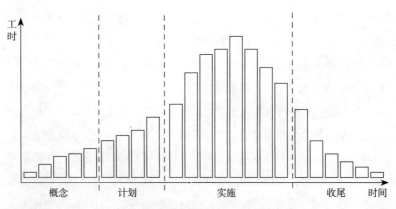

图 2-4  项目流程阶段同工时之间的关系
图片来源：Pinto, Jeffrey K. 项目管理. 2007

项目流程与设计过程之间的关系可以概括为两个方面：一方面，设计过程是项目实施的具体内容，是项目流程的进一步深化；另一方面，项目流程是具体设计活动在商业、管理层面的概括，设计活动只有全面结合产品开发的策略才能定位明确。

## 2.3 设计前期基本概念

### 2.3.1 前期基本概念

设计是一种复合性活动，设计前期存在多种类型活动。对设计前期的研究，一方面研究可以通过分类分解认识过程中的基本进程；另一方面研究需要进行系统性分析，发现不同类型活动之间的关系。

在新产品开发研究中，项目前端（Front-end）是一个非常重要的管理学概念，主要指企业在投资和产品开发前的准备阶段，通过前端规划可以确保时间和资金不会被浪费。研究者认为前端准备成功需要：清晰的策略，强有力的市场导向，研发同市场之间有组织的交互，外部概念和知识的使用以及精通管理前端。另一方面，设计活动也存在明显的前端阶段。设计师解决设计问题可以看作"搜集信息——定义问题——产生方案——综合方案"的过程。设计初期，设计师需要搜集、评估、转化、定义设计信息，为设计方案的生成做准备。设计前端是在项目前端的基础上，进一步为设计活动树立目标的阶段，关系到设计方案的质量。

结合以上两个方面的研究，为了综合考察影响设计质量的因素，特别是决策活动同设计活动的关系，本书将概念的外延由管理领域扩展到工业设计领域。设计前期定义为：在产品设计项目中，设计师产生概念设计方案之前的准备阶段，其中准备活动包括企划、管理和设计活动。就前期目的而言，设计前期阶段以保障产品开发成功，提高产品的设计质量为目标；就前期过程而言，设计前期开始于决策者识别潜在的产品机会，结束于设计师完成信息搜集发现设计因素；就前期宏观准备内容而言，该阶段主要完成搜集信息、明确初始状态、定义问题的活动，如图2-5。

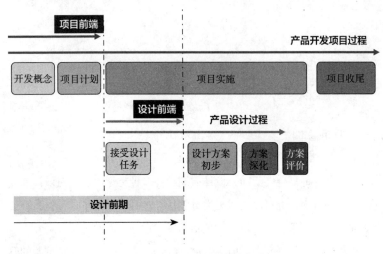

图2-5 设计前期阶段划分

设计前期概念具有其明显的阶段性，是项目前端同设计前端的有机结合。首先，项目前端同设计前端在流程上紧密相连，二者之间存在一定的因果关系。其次，项目前端同设计前端在宏观目标上一致，都是挖掘用户需求，实现新产品的商业价值。最后，项目前端同设计前端状态类似，都处于不确定、模糊状态。因此，形成设计前期的概念有利于综合考量新产品开发活动的影响因素，促进商业策略向设计策略的转化。

### 2.3.2 前期基本状态

设计前期的基本状态特征主要包括两个方面：复杂性和模糊性。

设计前期复杂性主要是指：参与者众多，开发活动性质多样。首先，在设计前期，企业决策者、开发合作双方的项目主管以及设计师、工程师、供应商等在内的一系列相关人员都将参与开发活动，由于各自的背景和观点不同，他们对前期施加的影响程度不同。其次，在设计前期活动多样，企业领导进行决策活动，项目主管进行组织安排活动，设计师进行准备活动。各个活动处于不同层面，只有相互紧密关联，才能共同推进项目发展。本书将在第3、4、5章对前期的复杂性进行深入分析，本小节对设计前期的模糊性进行讨论。

设计前期的重要特征之一是模糊性。企业决策者建立新产品企划具有探索性，设计师进行产品设计具有创新性，前期进行的两类活动都需要进入一个相对未知的领域进行摸索，都要经历由不确定状态向确定目标转化的过程。在管理学领域，不确定性是指无法对结果的可能性进行分配，包含两层含义：一方面，缺乏了解相关情况；另一方面，前期活动模式随机化。新产品的市场如何？用户如何？技术发展如何？决策者面临着模糊项目前端。在设计科学领域，由于设计问题的不良定义属性，设计师必须通过定义设计问题，收集相关信息，才能够明确设计状态、解决设计问题。设计师面临着模糊设计前端。

因此，设计前期的不确定性对于不同的参与者而言有着不同的范畴，包括决策者面临的模糊项目前端和设计师面临的模糊设计前端。两种不确定性处于不同层面，但又相互影响，构成了设计前期的不确定性，如图2-6。

图2-6  设计前期模糊性构成

### 2.3.3 模糊项目前端

在管理学领域，模糊前端（Fuzzy Front-end，FFE）主要是指在新产品开发起始阶段，由于企业内部管理目标设定不完善以及企业外部市场、用户、技术等因素变化，使项目前端状态不确定，开发活动随机化。不确定性增加了项目失败的可能，妨碍项目高效运作。按照模糊性质对模糊前端的不确定属性进行总结，如表2-2。

不确定性定义汇总             表2-2

| 研究者 | 内容 |
| --- | --- |
| Thompson（1967） | 不确定性被定义为对目标选择以及后果缺乏信息。管理者的目标就是减少公司开发系统的不确定性，使组织高效运行 |
| Lawrence，P. R. & Lorsch，J. W.（1976） | 环境不确定性包含有三个因素：<br>1）缺乏对信息的分类。<br>2）决策和相关结果的因果关系。<br>3）决策结果的反馈时间 |
| Gupta & Wilemon（1990） | 不确定性产生有四个因素：<br>1）增加的国内外竞争。<br>2）持续发展的新技术和对现有产品迅速废弃。<br>3）变化的客户需求和要求，缩短着产品周期。<br>4）新产品开发过程中外部组织参与需求的增加 |
| Qingyu Zhang &William J. Doll（2001） | 产品开发管理的不确定性来源有三个方面：<br>1）客户信息的不确定，主要是指产品需求类型、用户偏好、生命周期以及产品要求集合程度的不确定性。<br>2）技术的不确定，主要是指材料规格、技术功能或输入规格以及供应链的不确定性。<br>3）竞争者的不确定，主要是指竞争者产品研发和竞争者技术采纳的不确定性 |
| Khurana & Rosenthal（1997） | 1）不清晰的产品策略和项目优先权。<br>2）持续改变的客户需求和未解决的技术的不确定性。<br>3）不清晰的项目对象协议和不合适的人员分配。<br>4）不清晰的各个分支系统交互以及缺乏小组成员目标 |

| 研究者 | 内容 |
|---|---|
| Joan Ernst van Aken &Arie P. Nagel（2004） | 1）（整个阶段）没有清晰的开始。<br>2）复合型、多样化的（信息）输入。<br>3）没有良好定义的发展过程。<br>4）参与者进入和离开项目没有计划。<br>5）对前期计划部分没有清晰的交流。<br>6）创造性和偶然性在这个阶段起到重要的作用 |

### 2.3.4 模糊设计前端

模糊设计前端是指设计初始阶段中，由于设计问题不良定义属性，相关设计信息不明确，设计师处于混沌状态。在解决设计问题时，不确定的设计前期是设计师面临的一般情况。由于设计问题不良定义的属性，设计问题形式松散，没有明确的初始状态和最终要达到的目标。在设计任务缺乏定义的情况下，设计师需要通过搜集、分析信息，建立限制性的认知环境。

设计前端的不确定性对设计师看待设计问题方式产生了影响，在设计研究中被概括为"问题设定"、"问题形式化"、"看待问题状态样式"以及"问题范式"。Cross 指出："对（设计）问题的结构化和明确叙述是设计专家的关键特征……成功、有经验、特别出色的设计师都具有非常积极的问题结构化行为，以他们自身的观点看待问题和指导搜索方案。"

按照信息来源和目标，对模糊设计前端的信息进行分类，可以建立一般设计前端信息框架，消除设计前端的不确定性。所谓信息框架就是不良定义设计问题结构化，在设计前端设计师根据认知习惯和经验定义设计问题的一般结构。以下通过实验对信息框架的基本内容和类别进行分析。

## 2.4 设计前端信息框架

### 2.4.1 分析模型

　　为了分析信息框架，根据信息系统原理将概念设计过程分为三个阶段：设计前期信息输入、设计概念生成和设计后期方案输出。在对设计师的活动分析时，由于设计概念生成阶段认知活动丰富而复杂，被看作是"黑箱系统"。在研究中，黑箱系统中输入的信息、输出的结果相对实验者较为容易获得，因此考察设计前期信息的输入以及设计后期方案的输出情况，反映设计前期信息框架的特征，如图 2-7 所示。

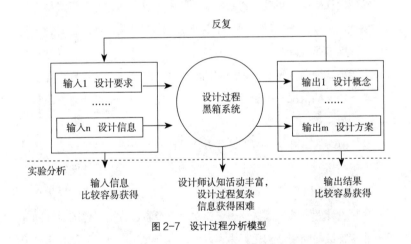

图 2-7　设计过程分析模型

### 2.4.2 实验内容

　　研究采用定性、定量结合研究的方法，通过提问调查以及设计草图数量统计、质量评价，全面搜集有关设计前期和后期的数据。参加实验的一共有 16 位设计师，其中研究生 11 人被设定为一组，具有三年以上工作经验的设计师5人被设定为一组，他们都具备一定的产品设计技能。

设计师在自身内部建构的设计问题框架可以通过设计师向外界搜索信息得到反映。实验采用了"信息要求"的方法，对设计师采集信息的活动进行记录、观察。在实验中，分配给每一位设计师的任务只包含了少量设计相关信息，设计师只有通过向实验者询问，才能获得进行设计所必要的各种信息。设计师提出的问题不受限制，当问题不在实验者准备的范围之内时，设计师被告知信息将被补充。通过信息要求的实验方法，设计前期信息框架建构的情景可以得到模拟和反映。调查问卷如图2-8。

---

### 关于设计策略的问卷调查

目的：了解设计师前期准备的框架

项目：播放器设计

　　　鼠标设计

　　　旅游纪念品设计

请您分别针对以上三个设计项目，提出尽可能多的关于设计开发的问题。

例如：该产品的成本控制在什么范围内？

只要这些问题有助于您进行设计，或是您设计中必须考虑的因素，就可以列出来。

要求：①请将提出的问题按顺序进行标号。

　　　②设计问题不需要连贯地写出，只要想到就可以补充上去。

　　　③请针对播放器的特点提出尽量细致的问题。

　　　④请写出对设计最为重要的三个问题的标号。

　　　⑤在不限制时间的前提下，请您完成播放器设计任务。

请您根据平时的设计经验，对以下问题进行选择：

　　　①在平常设计时，您会充分考虑这些问题然后再进行设计吗？

　　　A．会　　　　　B．不会　　　　　C．在方案生成的同时考虑

　　　②设计问题的提出有助于您设计吗？

　　　A．很有帮助　B．有一些帮助　　　C．没有帮助，反而限制了思路

　　　③您认为如何分配时间和精力，是在设计问题考察时投入更多的时间，还是在设计方案发挥时投入更多的时间呢？

　　　A．设计问题时间多一些　　　　　B．设计方案多一些时间

　　　④在设计中您多数进行直觉思维还是逻辑思维？

　　　A．直觉思维　B．逻辑思维　　　　C．二者的结合

　　　⑤请您简单地进行自我评价，对以下问题进行选择。

　　　您更看重现实还是未来？　　　A．现实　　　B．未来

　　　您是较为传统还是较为革新？　A．传统　　　B．革新

谢谢您配合完成这份设计调查，我将把分析结果与您分享！

图 2-8　调查问卷

### 2.4.3 实验结果

实验结果数据统计为：排除同设计思维无关的无效问题共 23 个，16 人产生有效问题共 152 个，提出问题最多的有 18 个，最少的有 4 个；平均每人产生 9.8 个问题，研究生被试小组平均每人产生 10.2 个问题，有工作经验的设计师被试小组平均每人产生 8.6 个问题。同时，搜集设计师的草图，对设计结果中含有的信息进行分析。

在图 2-9 中，草图 1 中使用词语和句子，有条理地说明设计的基本目标，形成初始概念，促进方案形成。草图方案中除了产品外观设计形态信息外，还包含材质、使用方式、技术、成本方面的信息。在图 2-10 中，草图 2 中包含有多达 6 个以上的方案，方案变化大，有突破现有产品的可能。草图方案中主要以产品外观设计形态信息为主，没有明确的问题线索，缺乏细节性考虑。在图 2-11 中，草图 3 中将已有熟知的设计概念作为参考，方案从以往的案例中发展而来。草图方案成熟，包含外观、材质、使用方式、技术、成本方面的信息，特别是对产品结构、连接方面的问题进行了详细的说明。

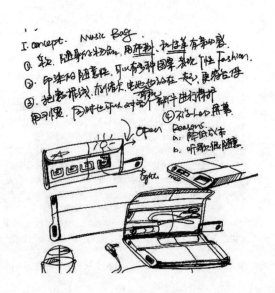

图 2-9  MP3 设计方
案草图 1
图片来源：被试设计
师绘制

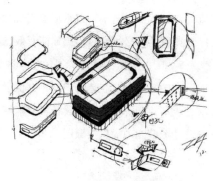

图 2-10  MP3 设计方案草图 2　　　　　图 2-11  MP3 设计方案草图 3
图片来源：被试设计师绘制　　　　　　　图片来源：被试设计师绘制

通过对调查问卷以及设计方案结果的分析，我们对前期涉及前期信息需求的内容进行信息分类。尽管设计师由于经验、偏好等个人差异提出的问题范围、详细程度和个数方面存在差异，但框架围绕着以下五个方面的主题进行，如图 2-12。

1）文化习俗类设计背景信息。这类信息以设计哲学、设计理念、生活习俗、禁忌等物质文化形式出现，它带有历史性、传承性、地域性。信息内容丰富，为设计提供背景资料，但秩序程度低。

2）市场动态类设计策略信息。这类信息来源于市场环境变化、竞争对手以及企业内部情况，它可以确保产品设计体现市场细分定位、成本定价、销售渠道等经营策略，保障市场运作成功。这类信息处于宏观决策层面，保障设计师将设计同商业有机地结合。

3）用户核心类设计人机信息。这类信息来源于用户调查，运用心理、生理专业知识研究用户与产品之间的关系和影响。以人为本的设计思想驱动搜索这类信息，任务分析、情景分析、用户访谈等调查方法是获取需求信息的途径。这类信息可以克服现有产品的缺陷与不足，使产品创新具有跳跃性的发展，从而提升产品价值。用户信息秩序性较高，但只有同设计师的体验结合才能发挥作用。

4）形态外观类设计形象信息。这类信息是设计师外观设计形象思维的直接来源，基本以视觉形象出现，来源范围广泛，内容丰富，但秩序性比较低，必须通过分类才能有效认识、理解。

5）技术工程类设计实现信息。这类信息包括同产品性能实现有关的技术性能、工艺制造等内容，它保证产品设计符合行业标准、安全要求、成本控制等限制，使设计最终能够实现。这类信息秩序性高，是影响设计细节实现的直接原因。

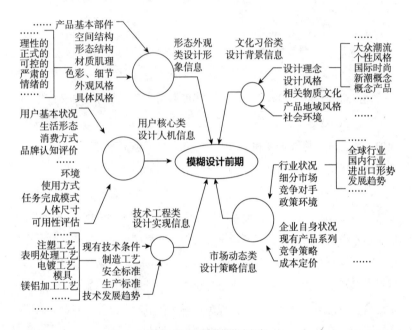

图 2-12　设计前期信息框架

设计前端信息框架的建立有利于摆脱模糊前期，明确设计初始状态。然而对信息框架的归纳有待进一步的拓展、变化。一方面由于设计对象的差别，设计前期需要的信息类别具有差别，另一方面由于信息类别的权重不同，对设计方案的结果影响不同。经过讨论，我们发现以上实验总结信息框架就缺少了有关环保生态类可持续发展方面的信息，以及复杂项目产品开发程序方面的信息。

## 2.5 前期准备基本作用

本小节根据设计前期的概念，针对设计前期的基本状态特征，讨论在前期准备的基本作用。前期准备的基本作用有以下五个方面：

1）设计前期需要明确产品开发目标，找准开发企划方向。有一个形象的比喻说明前期设定目标的重要性。产品开发如同爬山运动，项目一旦开始，就如同下达命令向山顶出发。然而，爬山最为棘手的问题是要明确爬山的目标。假使目标是登上最高峰，那么从脚下的山爬起，就会走错了方向。由设计到生产一体化的方式无法解决"发现目标山峰"这个重要问题。因此，要保障产品开发成功，产品开发活动就要分两步走：前一个是在正式设计之前对整体项目的规划阶段，即所谓的设计前期；后一个是设计活动阶段，对山峰发起冲锋，实现设计，如图2-13。很明显在具体开发探索性活动中，前期准备活动降低了项目风险，做到了有的放矢。

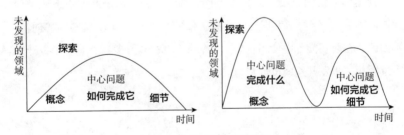

图2-13　产品开发流程阶段对比

图片来源：Owen，Charles．Structured Planning in Design：Information Age Tools for Product Development．Design Issues．2001

2）设计前期准备是产生各种概念并进行筛选的阶段。无论是商业概念还是设计概念，都形成于设计前期。经过设计前期对多个概念的筛选、比较，才能形成一定的结论进行下一步的发展。因此，产生、比较概念对设计前期准备具有重要的作用。

3）设计前期准备需要消除不确定性，达到充分的概念酝酿和组织管理。如上所述，前期的不确定性妨碍了决策合作，影响了设计质量，是设计前期的重要特征，也是项目失败的重要隐患。消除不确定因素，就要广泛搜集组织内外部信息，合理组织安排项目，明确项目开发和设计的基本状况。将产品开发活动建立在信息充分的基础之上，而不是依靠偶然、侥幸的探索，这是项目成功的重要因素之一。

4）设计前期准备需要完成商业策略向设计策略的转化。产品开发是以商业利益为最终目标的，设计是以外观形态为手段、服务用户为最终目标的，两个不同的目标和知识领域只有通过前期准备，才能达到有效的结合。在设计前期，商业策略一般通过设计要求和案例的形式向设计策略转化，而设计策略需要通过文字符号向视觉图像符号转化最终完成设计。

5）设计前期准备需要达到培养创新环境、提高设计质量和创新性的目标。产品设计追求创新，然而只有在一定条件和环境下，才有孵化创新的可能。一项对 1995、1996 年美国突破性产品的调查研究中，发现成功产品开发主要集中在两个方面：一方面，47% 的公司发现了原有技术新的使用方法；而另一方面，33% 的公司由于开发小组科学的调研和导向，产生了大量的设计概念和想法，使产品具有突破性的创新。因此，在前期准备中使用正确的方法、科学的组织管理，是减少设计思维固化，激发开发成员创造力的有效途径。

## 2.6 小结

设计前期属于设计过程研究，本书将前端的概念进行扩展，由最初的管理领域扩展到设计科学领域。以往对前端（Front-end）研究集中在管理学范畴内，目的在于保障新产品开发项目的成功。然而在设计研究中，只有集合了社会进程、技术进程和认知进程的研究，才能连贯、系统地揭示具有复杂性和模糊性的设计前期活动规律。设计前期活动泛指在具体设计方案前的准备阶段，具有产生概念、树立商业和设计目标领域、促进商业策略向设计策略转化以及对创新环境培养的作用。

本章定义了设计前期的基本概念和属性。通过介绍设计过程和产品开发的研究背景，说明了设计前期的基本特征，利用实验提出了设计前期信息框架，消除设计前端不确定性。在基本概念和范畴确定的前提下，在下一章将通过建立设计前期过程描述性模型进一步说明。

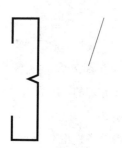

# 设计前期过程描述性模型

在讨论了设计前期相关概念和背景的基础上，本章对设计前期发展过程进行调查。通过社会调查方法明确前期的基本过程，归纳过程中存在的问题，为建立规范性模型奠定基础。本章的主要内容包括三个方面：

1）设计前期调查的目标以及方法。

2）调查的过程及其结果。

3）设计前期过程描述性模型。

## 3.1 设计前期调查概述

### 3.1.1 目标及原则

对设计前期活动的调查包括两个方面的基本目标：一方面，对设计实践过程中前期准备活动进行调查，归纳前期各个下属阶段的目标和内容。另一方面，对设计实践过程中前期准备存在的问题进行调查，为提出改进方法寻找依据。

调查方法的选择取决于研究对象。设计是一个技术进程、社会进程和认知进程的复合过程。因此，对于设计前期调查需要从文化、社会、心理、技术等全方面入手。基于以上思路，本研究采用社会调查方法，通过搜集新产品开发项目中参与者相关信息，分析前期发展过程。采用社会调查的方法有利于研究工作的展开，不仅可以搜集大量资料，而且可以提高调查效率。

### 3.1.2 调查方法

本研究采用设计案例、半结构式采访和问卷调查三种研究方法，搜集前期活动数据和资料。通过结合三种调查方法的优势，相互补充信息，可以帮助研究者完善对设计前期的认识，深刻反映设计过程本质。

案例调查方法通过记录个体案例设计项目前期活动，收集、归纳前期过程中各种文档、草图、会议记录，对设计前期活动进行调查。案例调查主要包括以下六个步骤：

1) 界定个案的范围，将研究对象概念化。

2) 选择现象、主题或问题，即研究问题的侧重点。

3) 寻找阐明问题的资料模式。

4) 解释关键数据和主要成分进行三角测量。

5) 选择合适的解释方式。

6) 提出断言或个案概念化。

半结构式采访是对个体案例调查内容的补充。半结构式采访是社会科学调查的方法之一，通过该方法可以获得设计专家有关前期准备的意见和认识，为进一步地分析奠定基础。半结构式采访在明确调查问题基本结构的前提下对设计师进行采访，允许他们对问题进行开放性地回答。由于采访时问答形式存在互动，所以可以较为广泛地收集调查对象的相关信息。调查中为了不丢失设计专家提供的前期活动细节，整个采访过程进行录音记录。

为了扩展调查对象的样本数量，较为普遍地反映设计前期活动的一般情况，本书还采用了调查问卷的形式进行调研。问卷调查针对产品设计专业的学生，特别对新手在前期准备中存在的困难和问题进行归纳，调查结果对设计教育研究具有一定的启发意义。

### 3.1.3 方法优势与不足

本书采用案例调查、半结构式采访和调查问卷三种社会科学调查方法进行研究的优势在于：

1）根据 Lawson 对设计学习过程的研究发现，设计经验事实可以更好地对设计过程分析预测，支持研究成果更好地向实践转化。

2）设计前期活动类型复杂多样，涉及研究领域众多。社会学方法调查有利于全面认识设计前期的背景、参与人员以及相关因素，更加深刻地反映设计过程的本质。

3）三种调查方法属于非即时性类型，通过被调查者在完成设计项目后对设计前期准备的反思，可以综合了解参与人员的观点，归纳过程中存在的问题，较为系统地认识设计前期准备的作用。

采用社会科学调查方法存在的问题包括以下两个方面：

1）个体案例调查取材有限、收集资料不全面，容易受到各种因素的影响。个体案例中的参与者、开发背景、产品类型、社会环境、企业环境以及调查者自身等因素对调查结果产生了比较大的影响，对规律的普遍性反映相对有限。特别是在研究中，外在环境因素影响到调查过程。我国中小制造企业自主研发力量薄弱，缺乏可持续长期发展的规划，新产品开发管理活动不健全。因此，调查反映的情况有些不单纯是设计领域问题，还带有我国产业转型时期的局限。

2）采用非实时性方式收集信息存在反映规律不全面的问题。被调查者陈述回顾设计前期活动，表述自身的观点，容易将事实和经验复合在一起，妨碍研究分析。此外，采访获得资料带有被访者的主观意见，而不是设计中实际发生过程，存在误差。

## 3.2 设计前期调查内容

### 3.2.1 案例调查内容

本研究对四个实际新产品设计开发案例进行调查，如表3-1。使用采访参与者和查阅相关记录文件等手段，回顾产品开发前期基本过程和活动。通过概括和总结案例前期准备活动中相似和不同之处，对前期活动进行结构性认识。

调查案例基本情况　　　　表3-1

| 名称 | 产品类型 | 开发类型 | 客户类型 | 准备时间 | 合作程度 | 费用 |
|------|----------|----------|----------|----------|----------|------|
| A | 电源设备 | 市场拉动技术推进 | 大型企业 | 2周左右 | 不成熟 | 1万元 |
| B | 厨具 | 市场拉动 | 中型企业 | 4周左右 | 不成熟 | 5万元 |
| C | 家具 | 市场拉动 | 大型企业 | 1周左右 | 成熟 | 3万元 |
| D | 消费类电子产品 | 技术推进 | 小型公司 | 1~2天 | 不成熟 | 1万元 |

调查选择了四个企业，包括大、中、小型公司三种类型，分别属于不同的竞争行业。四个企业产品开发前期过程存在差异，能够较为全面地反映在复杂环境下前期准备的真实情况。四个设计开发项目是由4~5人组成的设计小组合作完成的，小组成员包括设计师、工程师和具有一定实践经验的硕士生、博士生。设计小组具有流动性，成员分别参与了不同的项目。

以下对四个设计案例进行详细介绍，说明案例的背景、前期活动流程以及前期准备中存在的问题。

### 3.2.1.1 产品设计项目A

产品设计项目 A 开发的是一款带有电源保护的建筑电源插座，最终产品设计方案如图 3-1。产品开发的基本背景情况是：电源插座属于技术含量低，市场竞争激烈的产品。企业 A 是具有一定品牌影响力的电气设备公司，但产品开发管理在该企业仍然处于起步阶段。甲乙双方虽然是第二次合作，但合作成熟度仍然比较低。

图 3-1 项目 A 电源插座设计方案

产品开发设计前期的基本流程如图 3-2。由于市场竞争激烈，企业工程研发部根据原有技术条件，产生了开发的原始概念。产品设计任务由技术部门的主管口头布置，委托设计小组完成。项目开发除了基本的工程限制以明确的书面形式提供外，企业没有提出其设计要求和开发战略说明。设计项目主管接受任务后，精力集中在分配设计任务和了解设计对象上。经过设计小组收集资料，确立设计策略和外观设计方向，投入设计开发活动中。

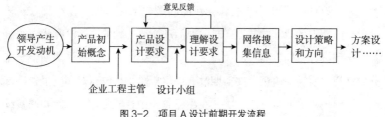

图3-2 项目A设计前期开发流程

产品设计项目A前期准备存在的问题包括：首先，企业没有建立开发的核心策略，导致用户需求不突出，新产品概念不明确。其次，前期开发没有具体设计要求，导致无法评价设计方案优劣，产品设计方向设置轻率。再次，前期开发缺乏方法，只考虑到了产品功能的叠加，缺乏市场调查和用户研究，无法达到项目开发的目标。最后，设计小组在合作沟通、信息搜集和设计因素挖掘方面也存在问题。

### 3.2.1.2 产品设计项目B

产品设计项目B开发的是一款豪华欧式燃气灶，设计方案如图3-3。产品开发的基本背景情况是：燃气灶市场竞争激烈，产品经历价格战、质量战、品牌战，逐步成熟。由于技术含量相对较低，外观设计作为燃气灶吸引客户的手段作用显著。企业B是一家OEM代工为主的中型制造企业，随着发展，企业开始着手转型，研发自主品牌。甲乙双方是第一次设计合作，并且两者地理位置相距遥远，面对面交流设计意图成为问题。

产品开发设计前期的基本流程如图3-4。企业主管产生了项目开发的初始概念：由于浙江厨具行业发展水平较高，企业B希望通过地处浙江的设计机构推进和改善产品外观。企业B以书面形式提出了包括基本尺寸和市场定位在内的产品设计要求。在接受设计任务之后，设计小组针对设计要求进行分析，以调查报告的形式向企业B提交了有关设计方向和概念的初步意见，同对方进行了沟通。最后，设计主管组织成员开始方案设计。

产品设计项目 B 前期准备存在的问题包括：首先，合作双方缺乏对设计前期准备活动的共识，对前期活动所要达到的目标没有清晰的概念，导致设计后期方案全部被否决。其次，企业没有对设计前期给予充分的重视，表现在决策者在初期没有提出概念，也没有对调查报告进行反馈及给出指导性意见。再次，在项目管理中，缺少估计风险和调整设计策略的经验，使项目合作失败。最后，设计小组受到搜集信息的影响，设计思维相对固化，缺少设计创新准备。

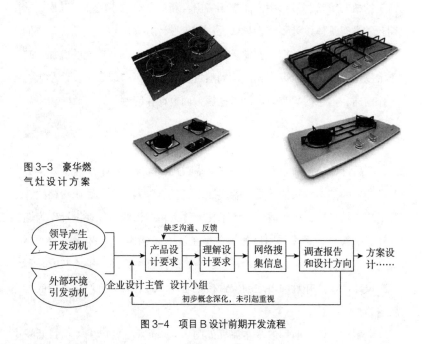

图 3-3　豪华燃气灶设计方案

图 3-4　项目 B 设计前期开发流程

### 3.2.1.3 产品设计项目C

产品设计项目 C 开发的是一款低档铁板折叠椅，方案效果图如图 3-5。产品开发的基本背景情况是：家具属于传统产业，铁板折叠椅属于成熟产品，销量比较稳定。企业 C 是一家以 OEM 代工为主的大型制造企业，以大规模生产降低成本占领低端市场，产品大多数外销。近些年，随着企业发展壮大，开始自主研发产品，谋求新的发展机会。甲乙双方是第二次合作，合作沟通模式双方相对比较熟悉。

图3-5 铁板折叠椅
设计方案

　　产品开发设计前期的基本流程如图3-6。最初，设计项目由总经理提出，由于折叠椅外观设计没有改动已经长达15年，企业尝试通过外观设计赋予产品新的活力。接着，企业主管根据总经理的意见安排了具体设计任务，拟定了包括产品尺寸、基本结构和成本控制在内的设计要求。然后，设计小组接受任务，开始前期准备。由于认为设计对象简单，小组只进行了简单的产品外观收集，就直接投入方案设计中。

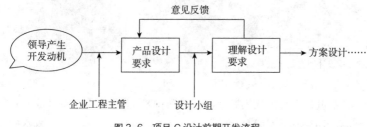

图3-6 项目C设计前期开发流程

产品设计项目 C 前期准备存在的问题包括两个方面：一方面，缺乏对设计要求的管理，设计要求过于笼统且多次变化，导致新的设计方案不断产生新的设计要求，对于设计要求缺乏系统考虑，若干个设计要求之间没有关联，为后期工程设计埋下隐患。另一方面，设计小组在设计前期没有制定设计策略，缺乏充分准备应对特定的设计状况。

### 3.2.1.4 产品设计项目D

设计项目 D 产品开发的是一款带有存储功能的手机充电器，设计方案如图 3-7。产品开发的基本背景情况是：手机市场竞争激烈，手机附带产品的设计也十分丰富。针对手机信息存储对用户产生的不便影响，为了保存手机数据，减少丢失手机对用户的影响，公司 D 设计了一款在充电的同时可以备份手机数据的充电器。公司 D 是一个创业不久的小型公司，经过市场调研，将消费对象锁定在高端白领。产品样机开发已经完成，但多数客户反馈外观存在缺陷。于是，公司准备进行外观设计后，迅速投放市场。

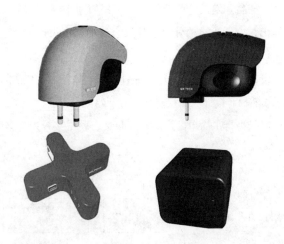

图 3-7 手机充
电器方案设计

产品开发设计前期的基本流程如图 3-8。首先，设计项目是由多数客户反馈引发的，公司委托设计师进行设计。其次，设计要求是公司 D

同设计师面对面交谈形成的。经过公司全体职员的讨论，设计要求大致有两个方面：设计定位面向高端消费者；外观体现产品高科技感，可以同一般的充电器拉开档次。最后，设计师了解设计对象的特性，直接开始了设计。

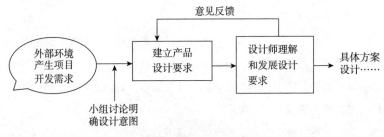

图 3-8　项目 D 设计前期开发流程

产品设计项目 D 前期准备存在的问题主要集中在人员组织方面。参加设计前期概念讨论的主要是电子工程师和外观设计师，而缺少了结构工程师，因而缺少了前期工程因素的深入考虑，影响到了产品的结构质量。

### 3.2.1.5 调查结果小结

本小节首先对前期准备活动的一般特征进行归纳，为建立设计前期的描述性模型进行准备。由四个案例前期过程分析可以发现：

1）虽然每个案例都有不同的影响因素，例如任务、开发背景、产品类型、开发类型、开发费用等，但在一定的抽象层次上，每个案例前期过程都具有一定的相似之处，具有阶段性结构。

2）尽管案例过程中各种活动存在着反复，但前期活动趋向于线性。通过将一系列活动进行群组，可以构成特定的下属任务和目标，反映前期活动的不同阶段。

另一方面，前期准备存在的问题总结如下，帮助我们加深对设计过程本质的认识：

1）意识和经验方面的问题

新产品开发参与者缺乏设计前期准备的意识和经验，主要表现为忽视前期准备，开发活动目标不明确，开发流程缺乏共识，成员之间缺少配合。缺少前期准备的意识和经验会使开发活动混乱，影响双方合作，降低开发质量。

2）前期准备方法的问题

首先，调查反映出以上企业新产品开发缺乏规划的情况。实际开发项目形成由偶然因素促成，而整个开发缺少既定的策略。企业需要根据自身发展趋势，由上而下、主动制定开发策略，否则企业开发将处于盲目状态，难以长期持续地发展。

其次，在调查中企业出现设计要求不规范、内容不全面的情况。设计要求不仅影响到设计合作，而且对设计方案的发展和评价起着决定性作用。没有设计要求的建立和管理机制，就无法使开发活动依照方向按部就班地发展。

最后，产品开发前期对用户因素考虑很少，表现为设计活动仅仅围绕外观展开。提升产品的创新程度离不开满足用户需求，只有用户在前期参与到项目开发中，才能挖掘到用户显性和隐性的需求。

3）组织管理问题

在案例调查中可以发现，设计主管缺少经验评估防范开发风险，缺乏意识和手段制定策略保障项目成功。因此，在团队设计中，设计主管不仅需要完成设计任务，还特别需要完成对设计资源的管理和调配。

## 3.2.2 采访调查内容

本节采用半结构采访方式，对具有工作经验的产品设计专家进行调查，了解前期准备的基本过程。半结构采访调查是对个体案例调查的补充，帮助调查者更为全面地理解前期基本状况。半结构采访调查的基本内容见附录3。

### 3.2.2.1 半结构式采访E

设计专家Z在一家大型企业设计部从事通信产品设计。在采访中，设计专家Z谈到了他对产品开发和前期准备的看法。企业中一项新产品开发大致需要经历概念阶段、计划阶段、开发阶段、测试验证阶段、发布阶段、生命周期六个阶段，整个过程约1年左右的时间，与产品设计相关的时间约1～6个月不等。专家Z认为前期准备活动主要包括设计需求、设计规格、设计定位、项目计划四项内容，其中设计需要尤为重要。设计需要可以理解为对市场分析和用户定位，它不仅影响到项目前期准备，而且关系到产品最终的市场反应。因此在实际项目运作中，一般有专门的独立部门负责前期需求捕捉。专家Z认为前期准备的关键是需要更好地理解市场定位，使设计满足产品策略。需求不清晰，规格模糊，定位不清晰，时间计划变更是影响前期准备的重要因素。此外，客户合作在前期交流十分重要，它可以帮助开发方切实地了解客户期望。

### 3.2.2.2 半结构式采访F

设计专家J在一家大型家电企业设计部，具有六年产品设计经验。设计专家J根据其工作情况，谈到了他对产品开发和前期准备的看法。新产品开发的基本阶段大致有：市场需求定义、调研设计与计划、产品开发设计、上市跟踪四个阶段。一般全新的项目至少需要6个月的开发时间，投入资源包括外围的用户需求类调研公司、外观和结构方面设计公司、市场推广方面的公司等。新产品开发的基本目标也有很多类型：技术更新驱动、竞争性驱动以及用户需求驱动等。大型家电企业具有自身的长期开发策略，企业一般会根据市场销售反馈、新技术研发、新市场拓展等情况以及定期用户研究的结果，制订中长期产品开发战略，以此为依据分解全年的设计开发计划。

专家J认为前期准备时间占到整个新产品开发的20%～30%，前期准备的关键是参与部门对开发项目的定义和要求清晰且目标一致。影响前期准备的重要因素包括产品开发周期限制、流程重视程度、项目组织架构。在设计前期，设计师一般对竞争产品、用户生活形态需求、生活环境、设计趋势进行分析。在设计前期，设计师明确设计要求进而提出差异化的设计诉求和设计概念是关键环节。设计项目管理在企业中有相应的工作平台配套，不同的平台包括不同的周期、费用和人员等。项目主管根据人员近期的发展情况以及项目的难易程度调整相关资源和分配任务。为了更好地理解用户需求，在设计概念确定阶段、2D 表现阶段以及 3D 表现等阶段，企业安排开发方与客户交流。对项目管理而言，企业必须有组织严密的开发团队，在项目进度管理上和项目评审管理上达成共识，在每个关键评审节点有相关人员的参加。

### 3.2.2.3 调查结果小结

通过访谈产品设计专家，本书对企业新产品开发前期准备情况有了进一步的认识，前期准备的过程如图 3-9。可以发现，企业的新产品开发已经按照开发活动的特征进行了较为合理的分工合作：市场和用户的需求由特定的部门定义完成，该环节是决定开发项目成功与否的关键之一。

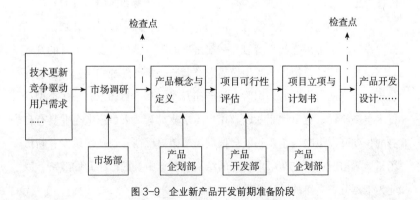

图 3-9 企业新产品开发前期准备阶段

### 3.2.3 问卷调查内容

#### 3.2.3.1 问卷设计

采用调查问卷的方式，对工业设计专业学生进行调查，问卷的重点集中在高年级学生在前期准备过程中存在的困难。调查问卷内容分为三部分：第一部分为被调查者的基本情况；第二部分为对开发前期设计活动的回顾；第三部分为对设计前期存在的困难进行调查。调查具体内容见附录 D。调查问卷经过事前测试后调整完善，在课堂上发放给学生填写。此外，对专业教师进行采访，听取教师对学生在前期准备中存在问题和困难发表的观点和看法。调查具体内容见附录 E。

#### 3.2.3.2 结果统计

对华中科技大学、青岛大学、郑州中原工学院 34 位高年级工业设计专业的学生进行了调查，被调查对象包括 5 位二年级学生、20 位三年级学生、5 位四年级学生、4 位研究生。在半年的时间中，75.8%的学生进行了 2 个或 2 个以上的产品设计课程作业或竞赛课题，对象涉及家电、家具以及交通工具等。调查显示，其中排除干扰的情况 32.4% 的学生独立完成一项满意产品设计课题的时间约为 3 个星期，而与之比例相当的学生大约需要一个月的时间完成设计。58.8% 的学生花费在方案之前的准备活动占整个活动时间的 1/4 以上，但 17.6%是由于思路不畅，时间延长。在调查中，67.6% 的学生对前期准备十分重视，认为前期准备的作用很大，可以找到有益的材料，是后期活动的基础。只有 14.7% 的学生认为前期准备作用并不大，而需要投入更多的时间去推敲方案。调查中发现，除了前期通常进行的搜集设计信息活动外，学生在前期准备中的活动还需要学习软件，对方案的表现形式进行熟悉。

学生在前期准备中遇到的困难是这次调查的重点，问卷采用了选项选择和直接填写的方式进行。在罗列的 9 项困难中，"不知道如何分析信息，无法将之转化为设计因素"（18.8%）、"收集到的产品外观信息会束缚想法"（15.6%）以及"搜集相关的设计信息不够丰富，不够全面"（13.5%）是出现最为频繁、最为突出的困难。对填写内容归纳中发现，除了调查问卷中提到的困难外，"发现并定义设计趋势"、"同客户沟通"以及"设计中初始概念的反复"也是前期准备中经常遇到的问题。

此外，调研采访了4位工业设计专业教师，听取了他们对学生在前期准备中存在问题和困难的意见，老师们认为：首先，由于个体间存在差异，学生搜集信息的情况各不相同。有些学生存在搜集信息多，但很难辨别哪些信息对设计真正有价值的问题。有些学生搜集信息不足，对用户和消费者的分析不足，对工艺制造等实现信息了解不全面。其次，学生不能够准确定位设计问题和创新点，迷失了设计方向。最后，学生存在无法有效地将调研信息转化到具体设计中，成为设计元素的困难。其中，搜集信息不全面、转化障碍被认为是前期准备中存在的最大困难。在比较方案设计质量高和低的学生前期准备中存在的差别时，专业教师认为：产生高质量设计方案的学生态度积极，在查询信息方面有目的，对完成程序明确，考虑问题完善、全面。设计方案质量低的学生，前期调研不够充分，对一些信息如产品发展趋势、人群需求、现有产品情况、时尚元素等不了解，设计定位模糊。

专业教师对学生前期准备的方法提出了建议：尽可能全面系统地了解与设计产品相关的各种信息；再对信息分类细化，从繁多的资料中缩小范围得出有价值的信息；确定设计定位或主题，以指导设计方案的展开。此外教师可以帮助学生明确设计程序，促进学生的发散性思维，提供成功范例示范，组织设计小组进行讨论。

### 3.2.3.3 调查结果小结

以上调查显示，学生对前期准备、搜集信息活动比较重视，大多数都投入1/4的时间进行准备。"不知道如何分析信息，无法将之转化为设计因素"是学生在前期准备中遇到的最大障碍。对教师采访的结果补充验证了以上观点，并提出了相应的改进方法。

## 3.3 建立描述性模型

如前文所述，设计过程模型可以分为两种：一种是描述性模型，一种是规范性模型。描述性设计过程模型是为了说明设计过程的一般规律，解释设计活动如何进行，它为设计研究者提供辨认、预测、理解设计过程的基本标准。规范性设计过程模型是描述性知识的一种发展，模型主要通过提出方法改善设计过程。由于两种模型具有很强的交叉性，以往设计研究一般不作明确的区分。为了论述清晰，本书将两种模型分开讨论。本小节讨论描述性模型，规范性模型在第 5 章进行论述。

本小节对项目前端划分进行了回顾，通过分类和抽象建立了设计前期过程描述性模型，模型不仅说明各个阶段的基本活动，还对各阶段中存在的问题进行了归纳。

### 3.3.1 项目前端阶段划分

项目前端是管理学概念，为了有效地管理开发活动，研究者对新产品开发前的准备活动进行了划分，本小节进行简单的回顾。

Khurana 和 Rosenthal 认为前端活动包括：产品概念、产品定义和项目计划，即产品策略形成和交流、机会识别和估量、概念产生、产品定义、建立项目计划和执行回顾。

Cooper 利用"阶段—门"（Stage-gate）对新产品开发前端进行划分：前端第一阶段包括初始筛选阶段，最初的产品调查阶段；二次筛选阶段，细化探索阶段，建立商业案例。前端第二阶段深度市场分析、图书馆调查，分析产品概念和技术方面的问题。

前端过程还被分为三个下属过程：①阶段前，机会识别和概念产生；②阶段0，产品概念和定义，包括对市场、竞争和技术的估量；③阶段1，项目可行性评估验证和活动计划。

Kagioglou et al.结合建筑设计领域的特征，将前端分为以下四个阶段：①阶段0（证明项目需求），商业案例提纲；②阶段1（需求概念），设计要求；③阶段2（可行性提纲），对不同的设计方向进行可行性研究；④阶段3（独立的可行性研究），建立产品定义，包括概念性项目设计要求。

综合以上对项目前端的规划，本书将项目前端划分归纳如图3-10。

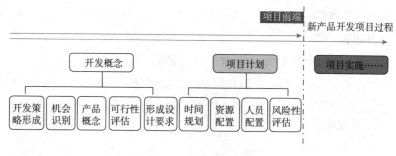

图3-10 项目前端划分总结

## 3.3.2 建立描述性模型

建立描述性模型主要通过活动分类的方法进行。作为认识论、技术哲学的下属分支内容，分类和抽象是人类认识事物的一般方法，其作用包括以下三个方面：

1）分类使前期活动结构化，提供一个总体框架结构，使有关前期准备活动相关的概念、属性、逻辑关系可视化。

2）抽象使模型具有适应性。前期过程复杂多样，利用不同层次抽象建立的框架性结构，在设计实践中可以通过结合具体的设计状况应用到不同的项目开发准备过程中，具有指导意义。

3）将设计活动分类有利于建立设计过程知识的本体语义网，帮助计算机理解自然语言，为设计过程知识管理奠定基础。

在以上三种调查方法取得有关前期活动资料的基础上，通过定义设计前期最基本的底层活动，结合项目前端划分和设计准备活动特征，采用分类和不同层次抽象归纳的方法，将目标相似、参与者相同的活动归纳为一组，概括其特征。多次重复以上分类归纳过程，逐层建立模型基本框架。

设计前期过程描述性模型是具有等级的框架性结构模型，其中还包含了每个阶段中包含的问题，如表3-2。该框架模型分为四个抽象层次：层面、时期、阶段和任务，从高度抽象层次向逐步具体层次分等级描述。多层次描述设计过程使模型更具有良好的灵活性和适应性，对理解设计前期过程具有指导意义。

在"层面"角度，前期过程可以看作消除前期模糊状态，生成商业概念，树立设计目标的活动，进行项目管理的准备活动。将"设计什么"和"如何设计"两种活动分离意味着设计过程的提升。在"时期"角度，前期过程可以分为建立新产品开发商业需求以及将商业需求转化为设计要求两个活动时期。前期活动是一个多领域复合性过程，前期准备只有在各个领域有效地转化才能保障设计方案的质量。在"阶段"角度，前期过程被分为四个阶段，它们是：产生新产品开发动机，形成初始开发概念阶段；评估开发概念，建立策略和设计要求阶段；设计项目管理，对设计资源进行配置阶段；以及设计信息收集，发现设计因素阶段。在四个阶段中前期活动的主体可由决策者向管理者、合作者、执行者等产品开发的参与者转移。在"任务"角度，前期准备被分为12个任务，每个任务之间存在逻辑关系，在实际操作中存在着反复和迭代，详细内容见图3-11。

| 层面 | 时期 | 阶段 | 任务 | 存在问题 |
|---|---|---|---|---|
| 设计前期准备：消除前期模糊状态，生成商业概念，树立设计目标的活动，进行项目管理 | 1. 建立新产品开发商业需求活动时期 | 1. 产生新产品开发动机，形成初始开发概念阶段 | 1. 在企业外部社会、经济、技术、市场竞争对手变化引起新产品开发项目。<br>2. 企业内部长期规划发展战略，通过新产品开发项目具体实施。<br>3. 其他因素促使企业决策者发现新产品开发机会 | 1. 新产品开发缺乏规划，项目形成由偶然因素促成，而整个开发缺少既定的策略。<br>2. 不重视市场调研和企划，建立新产品项目没有科学地比较、分析 |
| | | 2. 对开发概念进行评估，建立策略和设计要求阶段 | 1. 分析新产品开发的价值链，理解和预测用户需求，确定开发机会。<br>2. 对开发概念以及可行性进行评估。<br>3. 分析总结现有产品中存在的问题，将开发策略转化为初步设计要求 | 1. 设计要求不规范，内容不全面。<br>2. 客户利益点不明确。<br>3. 缺乏对用户因素的考虑 |
| | 2. 将商业需求转化为设计要求活动时期 | 3. 设计项目管理，对设计资源进行配置阶段 | 1. 对设计项目进行管理，对人员、资金、时间等具体事项进行安排。<br>2. 理解和发展设计要求，使设计要求逐步完善，起到指导方案设计的作用。<br>3. 开发双方建立有效地沟通机制，在新产品开发的具体方向上达成共识 | 1. 忽视前期准备，开发流程缺乏共识，成员之间缺少配合。<br>2. 缺乏前期准备意识，概念评估手段不足，防范开发风险与保障策略规划欠缺。<br>3. 忽视开发双方的沟通和交流 |
| | | 4. 设计信息收集，发现设计因素阶段 | 1. 全面收集各种设计相关信息，根据经验对设计信息进行分析处理，挖掘其中的设计价值。<br>2. 采取各种手段获取用户信息，全面揭示用户需求。<br>3. 将以上信息转化为设计因素，为产生设计方案完成准备工作 | 1. 缺乏信息分析，无法将之转化为设计因素。<br>2. 收集到的产品外观信息会束缚想法。<br>3. 搜集相关的设计信息不够丰富，不够全面 |

### 3.3.3 同以往模型比较

　　设计前期过程描述性模型与其他设计过程模型具有相似性，各个模型都将前期过程设定建立目标活动，只是在研究对象和划分基本阶段上

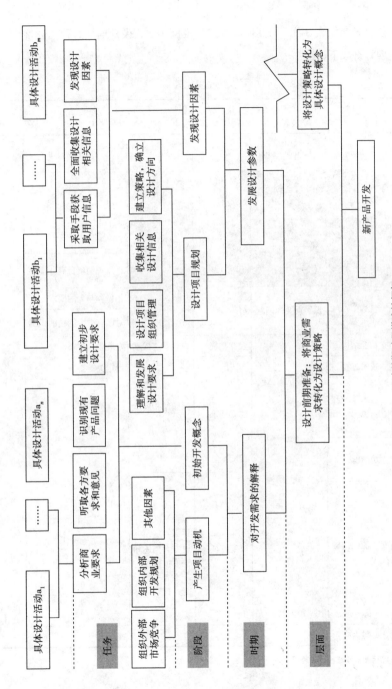

图3-11 设计前期过程描述性框架

存在差异，如表 3-3。与其他设计过程模型相比，设计前期过程描述性模型具有如下特征：

## 同以往模型比较

| 以往文献回顾（部分设计过程模型前期活动阶段划分） | | | | |
|---|---|---|---|---|
| Hubka | Pahl & Beits | Cross | Jones | Sebastian et al |
| | | | | |
| | | | | 详细说明项目商业需要 |
| | 识别重要的问题 | 对象分类 | | 估量参与人的要求 |
| | | | | 对已有方案问题的识别 |
| 建立功能结构 | | 建立功能 | 设计状态探索 | 发展设计要求 |
| 建立技术过程 | | | | 设定关键要求 |
| 应用技术系统和建立边界 | | 建立要求 | 问题结构察觉和转化 | |
| 建立功能群 | | | | |
| | 建立功能结构 | | | 决定项目特征 |
| 建立功能性结构和代表 | | 决定特征 | 界限界定，下属方案描述和冲突识别 | |
| 设计方案生成 | | | | |

★灰色代表未涉及的讨论阶段

表3-3

前期描述模型

| 树立设计目标的活动 | |
|---|---|
| 1. 在企业外部社会、经济、技术、市场竞争对手变化引起新产品开发项目。<br>2. 企业内部长期规划发展战略,通过新产品开发项目具体实施。<br>3. 其他因素促使企业决策者发现新产品开发机会 | 产生开发动机 |
| 1. 分析新产品开发的价值链,理解和预测用户需求、确定开发机会。<br>2. 对开发概念以及可行性进行评估。<br>3. 分析总结现有产品中存在的问题,将开发策略转化为初步设计要求 | 发展设计要求 |
| 1. 对设计项目进行管理,对人员、资金、时间等具体事项进行安排。<br>2. 理解和发展设计要求,使设计要求逐步完善,起到指导方案设计的作用。<br>3. 开发双方建立有效的沟通机制,在新产品开发的具体方向上达到共识 | 项目管理 |
| 1. 全面收集各种设计相关信息,根据经验对设计信息进行分析处理,挖掘其中的设计价值。<br>2. 采取各种手段获取用户信息,全面揭示用户需求。<br>3. 将以上信息转化为设计因素,为产生设计方案做准备 | 认知创新准备 |

1）模型体现了设计复合性过程的特征，较为完整、系统地反映了前期活动的各方面特征。

2）模型专门针对描述设计前期准备活动，说明活动更为清晰，阶段划分更为细致。

3）模型具有不同的抽象层次，对于不同的设计状态更具有灵活性和适应性。

## 3.4 小结

本章通过定性为主辅以定量的社会科学调查方法，对设计前期过程进行了案例、采访和问卷调查研究。调查从不同角度概括了设计前期活动的一般过程和阶段，并总结了前期准备过程中存在的意识问题、方法问题和组织管理问题。最终以设计前期描述性模型的形式进行了系统性的说明。在描述性模型中，设计前期开始于企业决策者形成产品开发的最初意图，结束于设计人员完成信息搜集，发现设计因素。设计前期对于新产品开发企划而言，是了解状况、生成产品概念和计划的阶段；对于项目管理而言，是对开发资源合理安排的时期；对于设计活动而言，是设计师或设计团队搜集相关信息，进行认知准备的过程。总之，设计前期准备可以被概括为形成商业概念，树立设计目标的活动，它是一系列转化枢纽：由经济需求向设计策略的转化，由用户知识向设计因素的转化，由设计要求文字符号向设计方案视觉形态符号的转化。

设计前期活动多样，各种相关因素众多，设计前期描述性模型从流程上说明了准备活动的特征。在接下来一章将会引入认知地图的概念，从不同的角度阐述，帮助我们全面认识准备活动。

# 4 / 设计前期
# 认知地图

前一章主要讨论了设计前期描述性过程模型。然而设计前期活动多样、因素众多，为了进一步明确说明设计前期，特别是前期准备手段同新产品开发成功、高质量设计之间的因果关系，本章采用认知地图（Cognitive map CM）的方法进行讨论，为下一章提出有效的前期准备方法奠定基础。本章的基本内容包括：

1）认知地图的基本概念、特征及其作用。

2）由前期构成因素组成的认知地图。

3）由前期状态、手段、目的构成的因果认知地图。

## 4.1 认知地图基本概念

认知地图（Cognitive map CM）最初是一个心理学概念，它是一种人类对局部环境的综合心理表象，既包括事件的简单顺序，也包括方向、距离，甚至时间关系的信息。建立认知地图的心理过程，就如同人们利用记忆，建立一张现场地图的过程。

在研究中，认知地图的概念得到了发展，成为一种捕捉隐性知识的工具和解决复杂问题的方法，它不再是简单表示地理空间上心理表象的概念，而是一种使用地图的形式表征问题思维的模式，表达更为抽象的因素以及因素之间关系的模型。最初，认知地图由 Tolman 应用于社科领域，用来表示政治和社会科学的知识以及在一定环境下这些因素之间的关系。随着发展，认知地图可以帮助人们分析问题，系统性建立仿真模型，帮助建立组织内多个成员对一个复杂问题的认知结构，广泛应用在战略决策、分布决策、计划、信息检索等领域，甚至于战争问题。作为一种建模手段，"个人建构理论"（Personal construct theory）是认知地图的原理基础。该理论认为人类是通过管理和控制周围的世界来赋予世界意义的。通过建构一个问题，明确一种状态，来寻找可能的解决方案。

在认知地图中，图形表示基本因素，一般代表观点、看法以及构成的要素，带有箭头的线段表示因素之间的关系，一些简单文字说明关系或"+"、"−"符号表示因素之间实施正向和逆向的作用。例如图 4-1 所示，这是一个分析企业贷款的认知地图，在图中可以比较清晰地观察到促使贷款增加的一些因素，以"+"代表；以及减少贷款的一些因素，以"−"代表。

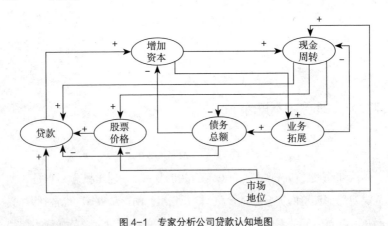

图 4-1 专家分析公司贷款认知地图

图片来源：J.B.Noh，K.C.Lee，J.K.Kim，et al. A case. based reasoning approach to cognitive map. driven tacit knowledge management. 2000

认知地图的特征及作用表现在两个方面：一方面，认知地图以二维图形表示结构关系，可以帮助我们观察每一个概念、因素以及它们之间的关系，形象地认识一个问题的复杂程度，界定研究的范畴，掌握整个理论结构。相对于以文字方式表达的规则和框架而言，认知地图更具有代表性和形象性。另一方面，认知地图将复杂问题简单化，帮助理想化地思考寻找解决方案。

利用认知地图建模的方法，从构成以及目的——手段两个角度认识设计前期。这样通过多角度观察问题，可以进一步帮助我们认识复杂的设计前期。

## 4.2 前期因素认知地图

从因素构成的角度建立设计前期因素认知地图，说明因素以及因素之间的关系，如图4-2。

在因素认知地图的上端是前期准备的五个主要目标，下端是前期准备的基本构成因素，包括前期的参与者、关联因素。分析因素认知地图可以发现：

1）合作关系是前期准备的重要途径之一，建立有关前期准备的程序与目标共识是推进项目发展的前提。合作关系不仅取决于各自组织的性质，而且还受到双方对前期沟通交流机制重视程度的影响。

2）从设计方出发，合作公司类型是影响前期准备的重要因素之一。公司的性质决定着产品开发设计的内外环境。设计方在前期对公司的产品、客户、决策者、运作机制等基本情况的充分了解是准备的必要环节。

3）从公司角度出发，对设计一方的设计管理、设计团队、设计经验以及方法的考察是前期准备的重要内容。

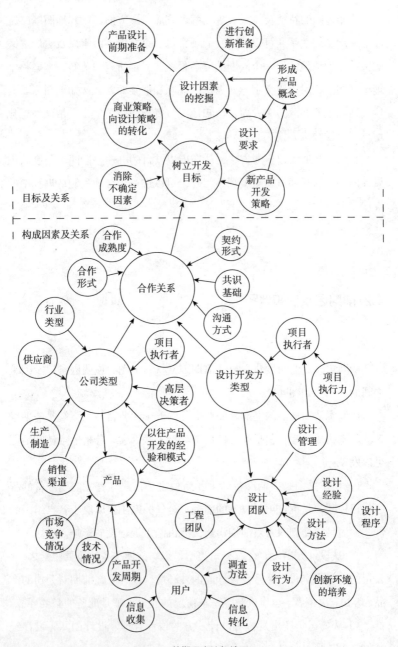

图 4-2　前期因素认知地图

## 4.3 前期因果认知地图

### 4.3.1 因果认知地图框架

在说明前期构成因素和相互关系的基础上，本小节从目的——手段论角度，建构因果设计前期认知地图，说明前期准备手段同新产品开发成功、高质量设计之间的因果关系。一般意义上，解决问题可以看作通过实施手段从现有状态向目标状态转变的过程，解决问题首先通过了解现有状态和目标状态，而后根据两者的情况采取措施缩短二者之间的差别。据此原理，设计前期模糊状态、产品开发目标和准备手段三大因素构成因果认知地图的基本框架，如图4-3。在以下小节中，通过定义前期的三大因素的具体含义明确它们之间的关系。

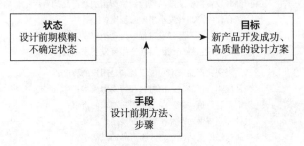

图4-3 设计前期因果认知地图构成

### 4.3.2 前期模糊状态

从认识论的角度出发认识人们解决问题时，总是一个从模糊、混沌状态向清晰、有序方向的转化的过程。在设计前期，无论是决策者还是设计师，刚刚接手项目都是在相对无序和混乱的情况下开始酝酿、筹划的。如前2.4、2.5节所述，设计前期处于复杂、模糊的状态，这里主要对设计前期项目模糊前端和设计模糊前端两大基本因素进行定义。显而易见，不确定的设计前期对展开开发活动，取得项目成功都有着消极的影响。

### 4.3.3 新产品开发目标

前期准备的最终目标是取得项目的成功，项目开发成功是对项目开发结果的评估，一般是通过比较竞争者、以往开发活动和比对开发计划目标和结果来获得。新产品开发成功一般包括三个方面的因素：过程结果、产品结果和经济结果。具体设计项目成功因素和定义，见表4-1。

设计项目包含因素及定义　　　　　　表4-1

| 基本要素 | 定义 |
|---|---|
| 1. 过程结果 | 按时进入市场：从概念产生到市场导入的产品开发时间；<br>工程更改时间：从旧工程设计到准备新工程设计的时间；<br>产品开发费用：从产品概念到生产制造新产品的费用；<br>小组合作：产品开发小组配合程度；<br>机会性学习：产品开发过程中提高小组学习能力的程度；<br>供应商表现：供应商满足新产品开发要求的程度 |
| 2. 产品结果 | 产品表现：产品技术功能以及满足用户的程度；<br>产品成本：产品制造的材料和劳动力成本；<br>对消费者价值：新产品满足用户需求的价值；<br>设计的集成性：产品平台上发展多代产品；<br>产品规格的灵活性：修改新产品的灵活性；<br>产品可制造性：新产品制造和装配的容易程度 |
| 3. 经济结果 | 市场占有率：新产品达到目标市场占有率的程度；<br>投资回报率：产品满足 ROI 的程度；<br>利润率：产品满足目标利润率的程度 |

表格来源：Qingyu Zhang，Willian J. Doll. The fuzzy front end and success of new product development: a causal model. 2001

### 4.3.4 高质量设计方案

在设计研究范畴内将高质量的设计方案作为新产品开发目标定义出

来。由于项目成功评估同设计方案质量评价之间的标准不同，两者之间不存在必然的联系。一般情况下，项目成功伴有高质量产品设计方案，高质量产品设计方案往往也促进项目成功，为了定义高质量产品设计，本小节对世界著名的产品设计奖项 Red dot、IF、IDEA、G-Mark 的评选标准进行归纳总结，说明高质量产品设计方案目标。

Red dot 是德国著名的产品设计评选奖项，其评价标准包括：产品的创新程度、设计美感、市场性、功能、人机工学以及生态人机方面。

IF 是德国著名的产品设计奖项，其评选标准包括：设计质量、工艺、材质的选择、创新的程度、环保性、功能性、人体工学、操作方式可视化、安全性、品牌价值、品牌塑造、通用性设计。

IDEA 是美国著名的产品设计奖项，其评价标准包括八个方面的内容：①设计的创新性；②对用户带来的益处（性能、舒适、安全、易用性、用户界面、人机、通用功能和接受性、生活质量）；③对客户带来的益处（增长销售以及市场的渗透性）；④对社会带来的益处（重要性、经济的生存能力、可制造的能力）；⑤对生态带来的益处（产品生命周期中对使用的材料和过程负责，包括材料的持久性、毒性、来源和浪费的降低，能源的有效利用以及修理、重新使用和循环性）；⑥视觉吸引力和恰当的美学；⑦可用性测试，严格的可靠性（设计研究类别）；⑧内部的因素和方式，执行性（设计策略类别）。

G-Mark 是日本著名的产品设计奖项，它的评选经过三个过程：首先，它是一个好设计吗？设定标准对产品的基本元素进行估量。其次，它是一个出色的设计吗？设定标准判断产品中是否含有更为高级的因素。最后，它是一个为未来突破新领域的设计吗？设定标准考虑产品是否有利于未来人们的生活、整个产业以及社会。评选标准概括起来包括四大方面：设计外观方面、用户方面、产业方面以及社会环保方面。

对以上评选标准进行总结，归纳高质量产品设计包含的基本因素和定义内容，见表 4-2。

| 基本因素 | 定义 |
|---|---|
| 1. 美学方面 | 产品外观出众、具有美感、吸引用户 |
| 2. 用户方面 | 满足用户的生理、心理需求，满足可用性测试，符合通用设计准则应用，产品语义的应用，对生活方式的设计。在产品性能、舒适、安全、易用性、用户界面、人机方面给用户带来益处 |
| 3. 经济方面 | 增加市场销售和占有率，提高品牌价值和品牌的塑造力，为客户带来了高额的经济回报 |
| 4. 产业方面 | 促进灵活地应用材料和技术，促进新产品产业化，体现新的生产方式和销售方式，使新科技人性化。设计促进新的生产方式的发展，并对转化新技术起到积极的作用 |
| 5. 社会方面 | 对材料使用和生产过程生态、环保因素的考虑，对产品生命周期的考虑，对社会文化的影响设计，达到生态环境保护和对社会文化价值体系提升的目标 |
| 6. 创新性方面 | 对产品概念中区别以往的外观变化、功能改良和技术革新等引发的主观感受，其中包括对产品一系列性能的评估：产品的实用性、可感知性、高效率性、灵活性、市场性、可实现性、包容性和突出性等方面的组合评价 |

## 4.4 前期准备手段

### 4.4.1 准备手段划分

以往研究从管理角度概括了消除项目前端不确定因素的手段为：小组观点（Team vision）和基本元素（Foundation element）。小组是开发的基本组织形式，是调节研发项目内外部信息交流意见的枢纽。小组观点是组织处理信息的过程，主要通过共享信息使参与者明确相同的问题和目标，通过集成小组观点消除前期不确定性。小组观点包括小组目标分享、策略适应以及项目目标明确。基本元素包括各种基本方法和措施，例如：策略导向、并行工程、客户参与、重要管理者参与、供应商参与和平台产品。

本节对以上的概念和内容进行了延伸和发展，从设计活动和设计项目的特点出发，指出设计前期准备的基本手段。以往研究中，对设计过程中不同性质的活动的进程进行了归纳。在建筑学领域，将建筑设计过程分为三种类型：

1）核心过程（Core processes）用于产品的研发和生产，主要是计划或完成建筑。概要、设计和生产是核心过程的组成部分。

2）管理过程（Administrative processes）是对核心过程的管理。

3）公众过程（Public processes）是使用规则和法律将整个核心和管理过程规范化。

类比以上划分方法，结合设计前期过程描述性模型中对设计活动任务的划分以及设计前期不确定性的基本类别，本书对产品开发前期准备活动性质进行分类。分类具体依据如下：

1）按照准备目标以及活动参与主体对活动进行分类。这样有利于分工，达成设计合作。

2）按照学科领域对活动进行分类。这样有利于设计知识的集成，促进前期准备活动专业化。

3）按照前期准备活动的逻辑关系进行分类，有利于推进科学化设计，如图4-4。

新产品企划主要是形成初始概念、建立开发策略和设计要求的活动。这些活动主要由公司决策者、企划部门或开发双方合作完成，研究涉及管理学、营销学、设计学理论。建立开发策略和设计要求是整个开发活动价值链的基础和发展方向。只有通过收集市场信息、以往开发情况，公司决策者才能树立开发目标并将之变为开发人员的共识，促使商业价值向设计的目标转化，为开发成员在一定导向下搜集相关信息奠定基础。

设计项目管理主要指对各种设计资源进行管理分配的活动。这些活动主要由设计项目主管完成，研究涉及管理学、设计学理论。通过项目管理可以保障开发活动有序展开，达到设计资源最优的目标。此外，由于服务行业以及设计创造的特征，设计主管除了一般的项目管理外，还需要对客户进行支持，为设计合作创新提供条件。

设计认知创新准备主要指设计师搜集分析信息，发现设计因素，进行设计创新前的预备活动。这些活动主要由设计小组合作完成，研究涉及认知心理学、设计学理论。结合认知和创新活动的特征以及设计问题的属性，对相关信息的充分搜集和分析信息，挖掘设计因素，明确条件和限制是产生设计方案的前提和保障。

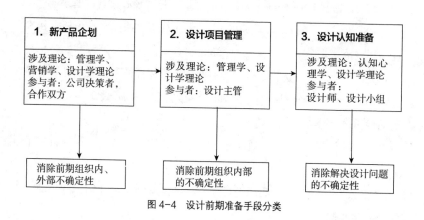

图 4-4　设计前期准备手段分类

## 4.4.2　新产品企划

新产品企划主要从客户角度挖掘新产品价值，并结合企业自身的特点（开发能力、企业制造能力、销售能力），制定新产品开发项目计划。新产品企划主要进行新产品机会评估、新产品概念形成以及建立开发策略和设计要求。

新产品机会评估主要通过分析市场、技术、社会环境的发展趋势，确定新产品的发展机会，评估活动主要包括行业现状及发展趋势、细分市场及发展趋势、市场竞争对手分析以及政策环境分析。建立新产品开发概念主要通过确立新产品的本质、用户利益以及产品规格特性，达到维护、扩大、创造企业市场的目标。建立开发策略和设计要求是将新产品开发相关信息文档化，为开发活动建立共识基础。开发策略是对企业整体性、长期性、基本性问题的规划，带有企业文化、目标和任务假设信息，是具体新产品开发活动的基础。在形成开发策略后，企业需要将策略进一步深化为设计要求，提供新产品开发活动参考和操作。设计要求作为一个阶段性的文档报告，归纳新产品的基本需求，建立方案评价标准，以及对设计方案发展方向的预想。建立开发策略和设计要求的手段如表4-3。其中建立设计策略和设计要求的方法在第5章详细论述。

**新产品企划手段及定义**　　　　　　　　　表4-3

| 基本手段 | 定义 |
| --- | --- |
| 1. 新产品机会评估 | 通过分析市场、技术、社会环境的发展趋势，确定新产品的发展机会。<br>1）行业现状以及发展趋势，包括：全国及全球行业状况、行业发展状况（导入、成长、成熟和衰退）、发展有利和不利因素等。<br>2）细分市场以及发展趋势，包括：产品线结构、款式销量比率以及细分用户特征等。<br>3）市场竞争对手分析，包括：主要对手、优势对比、竞争策略侧重等。<br>4）政策研究，包括政府策略、其他策略等 |
| 2. 建立新产品开发概念 | 通过确立新产品的本质、用户利益以及产品规格特性，达到维护、扩大、创造企业市场的目标。<br>1）主要通过对市场、消费者的调查反馈以及集体创造性形成新产品概念，以用户价值点抽象明确表达，实现于产品特性。<br>2）用户价值是产品为用户带来的利益，价值具有不同的划分标准：个体价值、共同价值；实际价值、模糊价值、潜在价值和特殊价值等。<br>3）新产品概念通常需要明确开发商业目标、用户利益、客户利益、卖点、产品发展趋势以及在渠道、形式和价格环节上的问题 |
| 3. 建立开发策略 | 在市场变化的环境下，企业为了确立开发的市场价值，保持商业优势，而建立的发展方向。<br>1）进入市场的策略：最先进入市场者，追随者，后期进入者。<br>2）用户导向策略：充分理解用户，为其持续创造价值。<br>3）技术导向策略：重视技术研发，在产品开发中最先应用新技术。<br>4）竞争导向策略：识别、分析竞争对手的活动，并做出反应。<br>5）通过"SET"以及"SMM"方法建立开发策略，详细内容见5.2.1。<br>6）新产品类型可以分为市场拉动、技术拉动、平台型、过程集中型、个性化产品。类型不同产品开发策略不同 |

| 基本手段 | 定义 |
|---|---|
| 4. 发展设计<br>要求 | 通过合作双方交流，明确设计目标，经过收集各类信息，进而捕捉设计要求、分析设计要求，将设计要求结构化，形成设计要求管理。<br>采用头脑风暴、采访、调查问卷、情景产生、QFD 和案例等方法抽取设计要求。第三方独立发展设计要求 |

## 4.4.3 设计项目管理

项目是集中处理技术、用户、设计等棘手问题的系统性活动，而项目管理是使这些系统活动更加协调、有效的重要管理手段。成功的项目管理可以有效地安排人员、时间和资源，产生合理的开发流程，达到设计策略和要求的预期目标。

除此以外，由于产品设计是服务性行业，设计过程中客户参与决策必不可少，因此设计项目管理需要对客户合作进行管理。一方面，通过交流和沟通，使客户了解设计意图，配合设计项目进展。另一方面，设计活动是合作性创造活动，如何促进设计成员相互配合启发也是设计项目管理的内容之一。设计项目管理的基本手段和定义，如表 4-4。其中对客户合作管理和设计小组合作管理在第 5 章进行详细的讨论。

设计项目管理手段及定义          表4-4

| 基本手段 | 定义 |
|---|---|
| 1. 范围管理 | 项目在开始阶段，总是存在很多不确定的因素。因此，必须通过范围管理明确产品开发的初始概念、基本要求和限制。通过文档记录的方式说明项目范围，使产品开发目标明确。此外，项目范围管理还包括：定义工作、分配任务、通过建立控制系统管理项目过程 |
| 2. 进度计划 | 项目进度安排定义了所有活动的逻辑关系，即从项目开始直至结束，所有的任务必须是其他任务的前置和后续任务。它保障了复杂项目的有序进行，以及为后续监控环节提出依据 |
| 3. 人力资源<br>管理 | 包括选择高效的项目经理管理项目团队，以及组织、建设、发展创新团队，灵活沟通解决团队中的冲突 |

| 基本手段 | 定义 |
|---|---|
| 4. 风险管理 | 项目运作中存在很多不确定的因素对项目的发展造成消极影响，项目在生命周期中的识别、分析应对风险因素，可以大大增强项目应对困难的能力。项目风险管理通过风险识别、可能性和后果分析、制定风险缓解策略以及控制和文档化对项目进行控制 |
| 5. 成本估算和预算 | 通过数据收集和财务记录，对项目进行成本管理，制定项目预算，以保证财务管理有条不紊地进行 |
| 6. 客户合作管理 | 帮助客户了解设计和项目，使客户参与到设计项目中，根据进展提供相关的信息 |
| 7. 小组合作管理 | 分配设计任务，促进设计小组成员共享概念和想法。建立创新机制，鼓励成员创新、突破 |

表格来源：C，Berenson. 新产品开发—哈佛商学院MBA课程. 2003

## 4.4.4 设计认知准备

本小节从设计问题的特性入手，分析了设计认知活动的一般进程。特别对产生设计方案前，设计师看待设计问题和信息搜集活动进行分析，为在认知层面提出信息处理和创新准备手段奠定基础。

### 4.4.4.1 不良定义问题

设计问题的不良定义属性决定了设计认知的复杂性，决定了设计过程带有更多的随机性。通过对比良性（界定良好）和不良定义（界定不良）问题之间的差异，可以更为深刻地理解设计问题的特征。不良定义问题相对良好定义问题而言。良好定义问题具有明确的目标和初始状态，通过完成一系列规则可以由初始状态转化为目标状态。例如，教士与野人乘船过河的问题就是典型的良好定义问题：

三位教士和三个野人过河到对岸。河边有一条小船，每次过河，小船只能载两个人。无论是剩下在河的此岸，还是已经到达河的彼岸，野人人数都不能大于教士人数。教士的数目只能等于或者大于野人的人数，教士才能保障不被吃掉。请问6个人要想过河，并保障教士安全的前提下应该怎么走？答案是：

1）两个野人过，一个野人回，对岸一个野人。

2）两个野人过，一个野人回，对岸两个野人。

3）两个教士过，一个教士一个野人回，对岸一个教士一个野人。

4）两个教士过，一个野人回，对岸三个教士。

5）两个野人过，一个野人回，对岸三个教士一个野人。

6）两个野人过。

7）教士和野人全部到达对岸。

由教士与野人乘船过河的例子，可以发现良好定义问题遵循着逻辑结构，只要根据相同的规则推导就可以由最初的状态达到最终的目标，因此以上求解的过程完全可以利用计算机程序很好的实现。

不良定义问题与之相反，它们形式松散，没有明确的初始状态和最终目标，搜索、解答方案没有规则，无法找到停止的信号，并且无法验证最终解决方案正确与否。不良定义是问题存在的一般形式，例如如何学习开车？如何设计一个花瓶？这些都是典型的不良定义问题，人们可以从不同的角度出发理解这些问题，得出不同的答案。西蒙因此认为不良问题不存在最优解，它们普遍拥有大量的甚至无限的解，设计活动可以被看作是在搜索备择方案，依靠经验发现最满意解。不良定义的本质导致了不良的设计求解过程。由于没有确定的问题定义、严格的操作规则，因此即使按照同样的步骤进行设计活动，也不能达到相同的设计方案。设计过程复杂，设计的方法和规则总是根据条件和要求进行调整，没有统一的形式可以遵循。

## 4.4.4.2 设计认知进程

由于设计是不良定义问题，设计认知是一种状态性活动。所谓状态性行为（Situated action），即设计师的行为与所处的特殊问题、物理、社会环境相交互的状态。设计师根据具体的设计状态调整行为，解决设计问题被描述为"问题—方案"共进的过程。

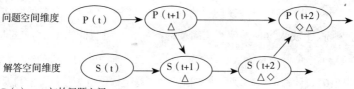

P (t)　　　初始问题空间
P (t+1)　　问题空间的部分结构

S (t)　　　初始解决方案空间
S (t+1)　　解答空间的部分结构

S (t+2)　　开发了解决方案空间的结构
P (t+2)　　开发了问题空间的结构

图4-5　问题—方案空间共进模型

图片来源：Doret，Kees，Cross，Nigel. Creativity in the design process：co-evolution of problem Solution. 2001

　　许多可能存在的状态和路径构成了整个问题和方案的"空间"。最初，设计师建立的设计问题构架 P 和方案雏形 S。通过设计师的发现和探索活动，在原来的构架和雏形基础上，形成了设计问题空间新的部分结构 P（t+1），以及新的部分方案雏形空间 S（t+1）。根据具体的设计状态，设计师可能继续发展方案 S（t+1），产生部分方案空间 S（t+2）。与此同时，方案空间可以使设计师对设计问题有进一步的认识，扩展新的问题空间 P(t+2)。问题与方案空间相互促进，共同推动设计创新的发展，直至问题解决成熟方案形成，如图4-5。"问题—方案"共进的认知进程是一系列的目标导向活动。在这个过程中，设计师形成想法并通过草图表现。草图作为设计概念的外部表征明确了以往的设计状况，并产生意想不到的新发现，推动设计认知的发展。

### 4.4.4.3 设计问题框架化

　　由于设计是不良定义问题，当面临设计任务时，设计师需要根据经验建构问题，这样才能形成问题空间，发展设计方案。设计问题框架化指设计师利用以往的知识和经验看待、理解设计的一般固定方式，框架化的设计问题作为目标可以指导设计师收集信息，探索生成设计方案。

Cross 在回顾设计专家的行为时指出："对（设计）问题的结构化和明确叙述被认为是设计专家的关键特征。'问题框架化'（Problem framing）这个概念最能代表这个行为的本质。有经验的、成功的以及特别出色的设计师都被发现了非常积极的问题结构化行为，以他们自身的观点看待问题和指导搜索方案。"

Schon 将设计问题框架化称为"问题设置（Problem setting）"。他指出：问题设置是一个交互的过程，我们"命名"将要参与的事物，将我们要参与的内容"框架化"。为了形成要解决的设计问题，设计师必须构成一个问题化的设计状态：设置问题的边界，选择注意特定的事物和联系，实施影响引导一致性发展。Cross 评价：问题设置的特征概括同设计专家形成问题的行为基本相似——设计师选择他们要进入（命名）的具有特征的问题空间，识别他们选择要探索（框架化）的方案空间。

Lloyd 和 Scott 将设计问题框架化称之为"问题样式（Problem paradigm）"，来说明设计师看待设计的方式。在对建筑学系高年级学生进行的草案分析中发现：每个案例分析中都会有一个时期，设计师要进行一个关于如何看待问题的陈述，有的设计师更为细致，其陈述还包括问题的状态结构。进一步研究发现，经验丰富的设计师具有很强的问题样式能力指导设计，而缺乏经验的设计师情况往往相反。"问题样式"成为判断设计师能力的标准之一。

Goel 将设计问题框架化称之为"建构问题"，指出在试验中设计师投入了大量的精力去建立问题空间，占到了草案分析中 30% 的时间。建构问题依靠设计师自身的经验和知识完成，被描述为设计师明确多种因素之间的关系的过程，它可以将复杂、多样的设计任务化解为多个简单的问题，以便逐一解决。

### 4.4.4.4 前期信息的搜集

框架化设计问题同搜集信息是紧密关联的前期认知过程，在这里设计问题的框架化强调设计师内在的经验模式，信息搜集则强调设计师向外探索的过程。通过前期搜集相关设计信息，设计师可以明确设计状态，消除设计中的不确定性。本小节对前期设计师搜集信息的特征进行概括，尽管研究者对经验不同设计师在收集信息上的差别有着不同的解释，但对于前期准备而言只有全面、有序、高效的信息收集，才能促进设计质量的提高。

Cross 对二年级和四年级的设计类学生进行草案分析，结果发现高年级学生比低年级学生收集了更多的信息，并产生了创新性略高的方案。同样，Atman 比较新生和高年级学生的设计过程中，也发现了二者在搜集信息上的差别。高年级学生明显地搜集了比新生更多的信息，高年级平均搜集了 25.0 项信息内容，而新生平均只有 14.2 项。两者之间的差别不仅体现在信息量上，而且还在信息的类别上，高年级平均搜集信息覆盖了 6.8 个类别，而新生只有 4.1 个。Atman 采用问题范畴能力（Problem scoping）来解释设计师中个体之间存在的差别。所谓问题范畴能力，是指设计师在分析开始之前建立起问题的能力。问题范畴能力反映在设计师花费在信息搜集上的时间，一般情况下，问题范畴能力高，其设计结果也就高。然而，新生中同样存在搜集信息同方案质量成反比，准备时间花费越多方案质量越差的现象。Atman 认为这是由于新生困在了定义问题这个阶段上，缺乏能力进一步推进设计发展。

但研究者 Christiaans、Dorst 观察到了不同的现象，在对高年级、低年级的设计师对比分析时，他们发现搜集信息不能显著地反映二者之间的差别。新生搜集信息的困难状况并不明显，由于他们没有意识到潜在规则，认为只是在解决一个简单的问题，所以没有搜集很多信息，整个过程简单顺利地就完成了。而高年级的学生可以分为两种情况：一组产生比较令人满意的结果，他们在早期注重对设计信息权重的比较，收集的信息比较少，然而却产生了令人印象深刻的方案。另一组情况相反，活动重心完全放到了信息搜集上，设计过程困在了信息搜集阶段。结果将信息搜集替代了设计方案的生成活动，不再推进设计方案的发展。同时，研究者对具体的搜集方式进行了总结，设计师一般使用两种策略方式：

1）结构导向的询问策略。通过一系列有关技术领域（功能）和产品特性的问题获取信息。

2）变化的询问策略。自由询问问题，问题之间没有清晰的顺序，随机获取信息。

优秀的设计师一般采用前一种策略，他们对重要问题进行分类，初步全面认识设计问题。而一般能力的设计师采用第二种策略，这样容易在收集信息时产生疏漏，而且主观且易于形成的一般目标会为设计带来偏见和错误，导致方案失败。在处于非精确形式的设计问题下，只有全面、积极、有重点地对设计状况进行分析，才能取得满意的设计方案。

此外，设计师对信息搜集和发展设计方案两种认知活动，有着不同的精力分配偏好。Lawson通过对建筑学系学生的设计实验观察，概括出"强调问题"和"强调方案"设计问题解决方式，并且发现"强调方案"是设计师解决设计问题的偏好和重要特征。换言之，在设计师中普遍存在着忽视设计信息的搜集，偏好发展设计方案的问题。

### 4.4.4.5 认知准备手段

设计师产生设计方案可以看作简化、转变、存储、关联信息的加工过程。在生成方案前，设计师需要对不良定义问题进行分析，利用一定的模式框架收集信息，认识设计问题，总结设计因素。根据设计认识机制和设计问题的特性，本小节提出了认知准备手段，见表4-5。其中创新方法和防止思维固化的内容在第5章详细讨论。

认知准备手段及定义　　　　　　　　表4-5

| 基本手段 | 定义 |
| --- | --- |
| 1. 设计前期信息框架 | 1）设计前期信息框架是设计师解决设计问题需要的一般信息类别。信息是事物运动的存在或表达形式，是一切物质的普遍属性。按照框架，设计师可以有序地收集相关信息，促进"问题—方案"认知共进。详见2.5。<br>2）对信息进行处理，明确权重，并将其转化为可以设计因素。<br>3）将树立目标的活动同完成目标的活动相分离 |

| 基本手段 | 定义 |
|---|---|
| 2. 用户信息的收集转化 | 1）收集用户信息。具体用户可用性评估的方法有启发式评估法、绩效量测法、边说边做法、观察法、问卷法、访谈法、焦点小组法、记录实际使用法、使用者回馈法。以上方法收集的用户信息可以转化为设计因素，提高设计的创新性。<br>2）分析用户利益点，从用户价值角度进行分析 |
| 3. 建立完善的设计要求 | 建立完善合理的设计要求，可以全面给出设计限制条件，防止设计前期思维禁锢，保障设计方向的正确 |
| 4. 创新设计方法 | 1）创新需要内部自身机制，包括相关知识、技巧、动机，也需要外部环境的培养、激励。<br>2）设计案例知识重用。创新离不开以往知识和案例。建立系统机制，通过搜索以往成功的设计案例，重用设计知识，指导设计认知准备。<br>3）在设计前期激发设计师创新的方法包括：头脑风暴法、组合创新法、类比法、优缺点法、NM 法等。<br>4）设计可以看作是一个由概念、对象、问题、要求以及这些因素之间联系组成的网络。通过一定方法改变设计关联的固有方式，从而增加方案的创新性 |
| 5. 防止设计思维固化 | 设计思维固化是设计思维中存在的问题，设计师不知道如何推进设计，很长时间困在同一个想法中，重复出现以往他们设计的特征无法前进。设计前期根据思维固化的原因，采取机制增强设计师思维流动性 |

## 4.5 因果认知地图分析

在以上小节中说明了设计前期的模糊状态，定义了项目成功和高质量设计方案的含义，指出了消除设计前期不确定性，达到充分准备的手段。本节利用认知地图说明前期准备手段同新产品开发成功、高质量设计方案之间的因果关系，如图 4-6。因果认知地图由项目模糊前端、设计模糊前端、新产品开发目标、高质量设计方案目标和前期准备三大手段构成，以带有箭头的线段和"+""–"符号说明各个因素之间的正向、逆向作用关系。在因果认知地图中可以发现：

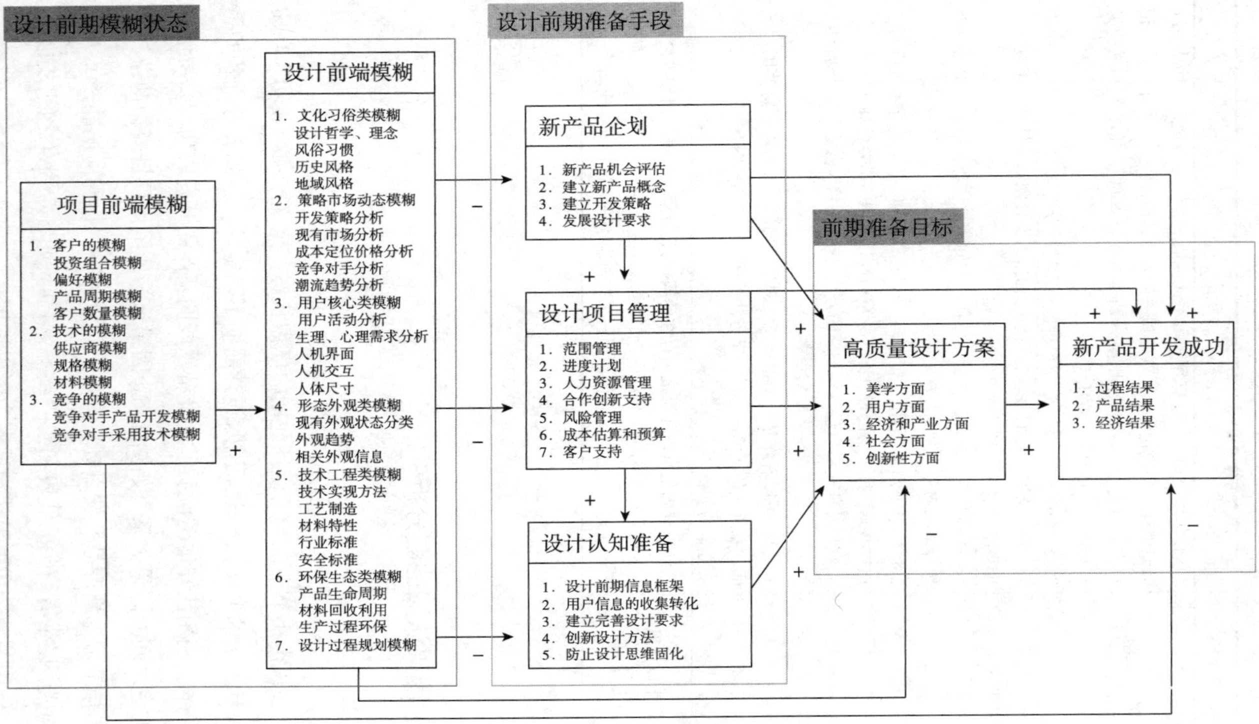
设计前期模糊状态
项目前端模糊
1. 客户的模糊
投资组合模糊
偏好模糊
产品周期模糊
客户数量模糊
2. 技术的模糊
供应商模糊
规格模糊
材料模糊
3. 竞争的模糊
竞争对手产品开发模糊
竞争对手采用技术模糊
设计前端模糊
1. 文化习俗类模糊
设计哲学、理念
风俗习惯
历史风格
地域风格
2. 策略市场动态模糊
开发策略分析
现有市场分析
成本定位价格分析
竞争对手分析
潮流趋势分析
3. 用户核心类模糊
用户活动分析
生理、心理需求分析
人机界面
人机交互
人体尺寸
4. 形态外观类模糊
现有外观状态分类
外观趋势
相关外观信息
5. 技术工程类模糊
技术实现方法
工艺制造
材料特性
行业标准
安全标准
6. 环保生态类模糊
产品生命周期
材料回收利用
生产过程环保
7. 设计过程规划模糊
设计前期准备手段
新产品企划
1. 新产品机会评估
2. 建立新产品概念
3. 建立开发策略
4. 发展设计要求
设计项目管理
1. 范围管理
2. 进度计划
3. 人力资源管理
4. 合作创新支持
5. 风险管理
6. 成本估算和预算
7. 客户支持
设计认知准备
1. 设计前期信息框架
2. 用户信息的收集转化
3. 建立完善设计要求
4. 创新设计方法
5. 防止设计思维固化
前期准备目标
高质量设计方案
1. 美学方面
2. 用户方面
3. 经济和产业方面
4. 社会方面
5. 创新性方面
新产品开发成功
1. 过程结果
2. 产品结果
3. 经济结果

图 4-6　设计前期因果认知地图

1）设计前期的模糊状态（项目模糊前端、设计模糊前端）不仅对设计项目成功和高质量设计产生消极影响，而且阻碍了开发策略和设计要求的发展，阻碍了设计项目的管理以及设计认知创新的准备。

2）新产品企划、项目管理、设计认知准备三项基本手段使前期准备目标明确。要取得成功的项目和高质量的产品设计，全方位的前期准备必不可少。

3）要取得高质量的设计，不仅需要设计师在设计创造上的突破，而且需要前期得到在新产品企划和组织管理上的全面支持。


## 4.6 小结

通过设计前期因素认知地图和因果认知地图，从多个角度对设计前期的活动和因素进行分析，可以得出以下结论：①前期合作关系是影响前期准备的重要因素；②公司和开发方的合作需要建立在前期相互了解的基础上；③建立新产品企划、设计项目管理和设计认知创新准备，是消除前期不确定性达到设计项目成功和高质量设计的必要手段。

本章从多个角度分析了设计前期相关因素和它们之间的关系。前期准备质量的高低关系到设计创意以及产品项目的成功与否，对缩短开发时间、降低开发成本、保障团队分工合作默契、培养团队创新都起着决定性的作用。然而，如何采取方法促进前期准备，下一章将对前期准备的具体方法进行讨论，建立设计前期过程规范性模型。

# 设计前期过程规范性模型

本章在设计前期过程描述性模型和认知地图分析的基础上,提出设计前期过程规范性模型。规范性模型根据一定的原理提出方法指导前期准备活动,提高产品设计质量,保障设计项目成功。本章的主要内容包括:

1)规范性模型的原理依据和框架。

2)各阶段活动的基本原理和方法。

3)对规范性模型的实践验证。

## 5.1 规范性模型原理及框架

设计前期过程描述性模型,在时间维度上说明了设计前期各个阶段的前后活动流程,因素认知地图从构成的角度说明了设计前期各种因素之间的相互影响,因果认知地图从逻辑维度上说明了前期准备手段同开发最终目标之间的因果关系。在明确设计前期基本状况的前提下,本小节提出方法规范前期准备活动,通过建立规范性模型进行讨论。首先对模型依据的基本原理进行介绍。

### 5.1.1 通用问题解决原理

1957年，由 Newell、Shaw、Simon 提出了通用问题解决模型（General problem solver GPS），是人工智能领域对人类问题解决的模拟。GPS 的研究目标有两个方面：一方面可以发展人工智能，使机器拥有智慧解决问题；另一方面可以对人类如何解决问题进行深入的探索，研究者试图通过比较计算机运用模型解决问题和人类行为处理问题的相似程度来验证理论的有效性。GPS 的研究对人工智能和认知心理学都带来了重大的冲击。

GPS 模型描述了人类处理信息的一般模式，包括记忆操作、控制处理和规则三方面的功能模块。GPS 被认为可以解决不同类型的问题，但关键在于解决问题的步骤和程序。根据手段—目标分析原理，GPS 可以将问题分解转化为目标，通过将大目标分解为小目标进行分别处理，通过操作减少目标和现存状态之间的差异完成任务。基本的规则可以分为三个步骤：①将 A 转化为目标 B。②减少二者之间的区别。③应用一个操作对 A（关键在于什么样的转化是可能的）。

GPS 模型试图解决所有问题，然而真实应用仅仅局限于定义良好问题，如逻辑问题、几何问题和象棋棋局等。虽然 GPS 模型对解决不良定义问题仍然束手无策，但 GPS 模型对解决复杂设计问题具有很好的启示：①明确设计前期的各种信息状况是向着目标状态转化的前提和基础。②复杂的设计问题需要分解转化为各个小目标，以此来定义问题空间。③设计是一种转化行为。

### 5.1.2 信息处理扎根理论

1967年，Strauss 等提出了扎根理论研究方法（Grounded theory）。这是一种基于归纳的定性分析技术，在社会学研究领域如教育、宗教等方面运用较多，该方法的特点是从现象中提炼理论，在广泛收集信息的基础上，层层推进的加工信息的模式。

定性数据分析方法采取了四层金字塔式的过滤方式，如图5-1：最底层为未加工数据，被称为领域信息，这层数据一般从原始的采访、文档和观察中获得，它们没有被加工，与其他数据隔离保存。数据加工进入在上一层，被称为开发数据，在这一层次出现分类的个体案例。信息继续被加工，处理得到的结果输入交叉编码层次，交叉编码层次包括概念和想法。最终这些概念、想法进入金字塔尖，产生具有意义的结论。采用扎根理论处理数据，一方面可以确保数据有机会进行挖掘而不会被轻易地排除；另一方面可以保障数据回溯，找出得出结论的信息进行重新分析，最大限度保留了有价值的信息。

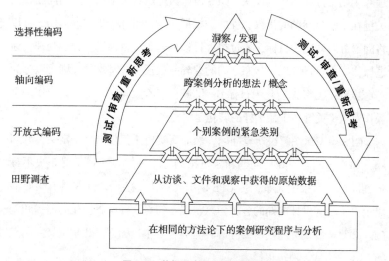

图 5-1　扎根理论方法处理数据模型
图片来源：B.G.Glaser，A.L.Strauss．The Discovery of Grounded Theory．1967

扎根理论研究方法对设计前期处理信息有着积极的启示：

1）设计前期要广泛收集各种信息。这样既可以为各种潜在的设计因素提供机会进行转化和发展，又可以使设计这个复杂问题得到全面的考察。

2）对繁杂的信息需要采取逐级加工、放弃无关信息、层层深入的措施进行处理，由粗到精逐步抽取设计因素，达到向设计方案的转化。

因此对产品设计前期信息的处理，要达到一种"有序"与"混乱"的动态平衡，如图5-2。一方面，全面收集信息，为产品概念发展提供多种可能，提高创新的概率；另一方面，收敛信息提供有价值、可靠的线索，保障项目和设计思路稳定地发展。

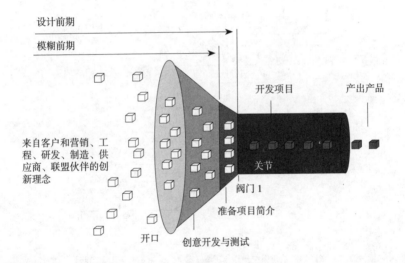

图 5-2　新产品开发的模糊前端

图片来源：Aken，Jev and Nagel，A P．Organizing and managing the fuzzy frontend of new product development．2004

### 5.1.3 瀑布软件开发模型

1970 年，Winston Royce 提出瀑布模型（Waterfall model），是在七八十年代广泛应用的软件开发模型，如图5-3。瀑布模型核心思想是按工序将问题化简，将功能的实现与设计分开，便于分工协作。该模型将软件生命周期划分为六个基本活动，并且规定了它们自上而下、相互衔接的固定次序，如同瀑布流水逐级下落，这也是瀑布开发名称的由来。瀑布模型从系统需求分析开始直到产品发布和维护，每个阶段都会产生循环反馈。如果有信息未被覆盖或者发现了问题，将返回到上一个阶段并进行适当的修改。瀑布模型原理对设计前期过程安排的启示有：

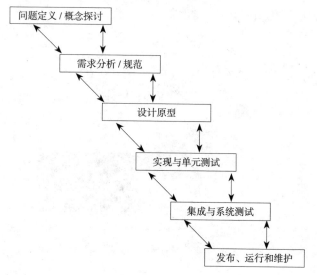

图 5-3　瀑布软件开发模型

图片来源：张维明. 信息系统原理与工程［M］. 北京：电子工业出版社，2001.

1）将开发过程看作阶段性的变化，通过阶段转化逐步达到最终目标。各个阶段的划分具有有不同的目标，一个阶段的准备结果是下一个阶段的前提和基础。

2）建立评估和反馈机制，避免一个阶段工作的失误蔓延到以后的各个阶段。在每一个阶段都明确预期的目标，完成后需要进行阶段性的评审，确认后再转入到下一个阶段的工作。如果在评审中发现问题和疏漏，可以通过反馈到前面的相关阶段进行弥补。

3）利用阶段明确分工，合理进行人员组织，提高产品开发效率。

### 5.1.4 前期规范性模型框架

设计前期的出现可以看作设计过程中将建立目标和实现目标活动分离后的结果。通过类比瀑布软件开发模型以及通用问题解决原理、扎根理论研究方法，在设计前期描述性模型和认知地图的基础上，建立设计前期规范性模型，如图5-4。规范模型包括三个阶段：新产品企划阶段、设计项目管理阶段以及设计认知创新准备阶段，三个阶段具有不同的范畴、目标和准备方法。设计前期规范性模型框架对设计过程的规范包括以下四个方面：

1）每个阶段都需要收集相关信息，通过层层加工达到目标。通过目标的转化最终达到设计方案前的准备。

2）每个阶段有不同的参与者，他们具有不同的分工。通过理解设计过程，参与者达成共识，合作完成任务。

3）每个阶段都建立检查点，结合具体的项目检查是否符合最初设定的要求。

4）前后阶段关系紧密，阶段之间存在着活动的反复和迭代。

设计前期过程规范性模型初步框架，可以指导产品开发活动，为不同领域合作提供创新的环境。框架模型包含有以下五个方面的特征和作用：

1）模型具有复合性。从深度上，该模型不仅注重商业过程同设计过程的结合，而且结合了解决设计不良复杂定义的认知过程。

2）模型具有完整性。从广度上，该模型不仅包括了从项目开发初始概念开始到认知准备结束的时间阶段，而且指出了参与不同角色的不同任务模型。

3）模型具有针对性。从目标上，针对产品开发前期特征，模型建立了更贴近产品设计特性的运作方式。

4）模型具有共享性。该框架为不同领域背景的参与者理解设计前期准备提供了基本依据，为基于共识的工作奠定了基础。

5）模型复合了人工智能和信息处理的基本原理，对计算机辅助工业设计研究具有借鉴意义。

前期规范性模型框架对前期准备活动提出了理论性实施办法，接下来的三节分别对各个阶段具体采取的方法进行讨论。

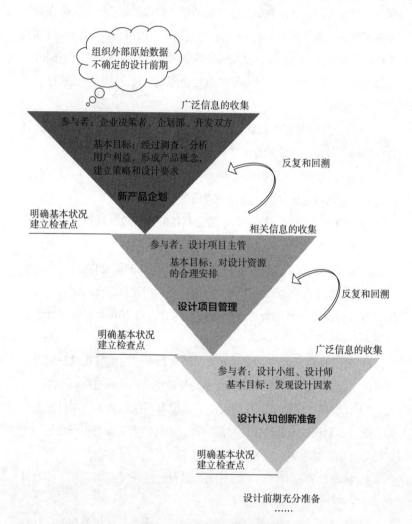

图5-4　设计前期过程规范性模型框架

（ ▽ 代表信息处理的过程，包括信息的收集、分析）

## 5.2 新产品企划阶段

如前文 4.4 节所述，新产品企划主要进行产品机会评估、新产品概念形成以及建立开发策略和设计要求。本节主要对新产品企划中建立开发策略和发展设计要求的方法进行讨论。开发策略是新产品开发总体走向的总结，作为长期目标规划，开发策略作为基石至关重要。设计要求是开发策略进一步地发展和细化，它是开发过程中由商业概念向设计策略转化的必要手段。

### 5.2.1 开发策略概念及作用

策略是决策者对企业整体性、长期性、基本性问题的规划。策略的整体性是对企业全面、系统的考察，而非局部、片面的观察。策略的长期性是对企业可持续的发展规划。策略的基本性是企业宏观性的计划，而非具体可执行的步骤。策略包括竞争策略、营销策略、发展策略、品牌策略、融资策略、技术策略、人才策略等。其中，产品开发策略是企业整体战略的组成部分之一，为了确立新产品开发的市场价值，保持商业长期优势而建立的发展方向。开发策略包括以下四个方面作用：

首先，开发策略确立新产品价值。新产品价值体现在商业成功，而价值实现途径在于新产品对用户需求的满足，是否增加了用户价值。新产品价值可以在工艺、细节和概念上得到反映：工艺反映新产品工程、制造水平；细节反映新产品设计在性能、人机和外观环节上的细致考虑；而以用户为中心的设计概念是产品核心价值，是客户重要的吸引力。所以开发策略需要对用户价值进行挖掘。

其次，开发策略体现共同愿景。由上而下的开发策略确立了开发参与人员共同目标，保障各部门协同一致，如图 5-5。在这个层级模型中，基本愿景说明了企业在宏观上的战略目标；目标处于金字塔的中间，反映基于愿景战略规划的下属目标群；在金字塔的第三层是战略、目的、方案等实施手段，它们是企业根据特定的战略目标采取的项目支持。本书对原有模型进行扩展，将金字塔底层设定为具体的开发活动。开发策略贯彻到每一项具体的开发活动中，而每项具体活动都是企业开发策略的表现。

图 5-5　对一致性模型的修正扩充
图片来源：C, Berenson. 新产品开发——哈佛商学院 MBA 课程. 2003

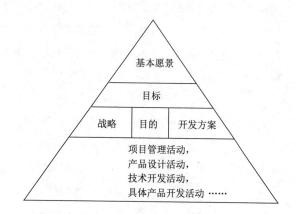

基本愿景

目标

战略　　目的　　开发方案

项目管理活动，
产品设计活动，
技术开发活动，
具体产品开发活动 ……

　　再次，开发策略保障企业开发保持一致性和持续性，如图 5-6。在企业中，新产品开发如同手扶梯持续运作，项目结束意味一个新项目的开始。具有长期性规划的开发策略保障产品开发沿着既定的方向连贯、持续地发展，为新产品进行系列化整体设计，使新产品不会因为对手某一方面的模仿而失去竞争力。此外，开发策略动态调整发展是对项目开发知识积累的过程，最终达到保障企业持续发展。

　　最后，开发策略是企业配置资源的重要手段。企业必须根据自身的情况处理好研究、开发以及适应市场三个环节之间的关系。研究是企业发展核心技术、深入了解用户的活动，代表了企业发展的长远利益；适应市场是企业面对竞争对手争取市场份额的活动，代表了企业发展的短期利益；产品研发活动处于两者之间，一方面要利用研究的最新成果推动产品更新，另一方面要根据企业和市场现况发展对策，争取竞争优势。在处理长期和短期利益的关系时，只有通过一定的开发策略规划才能很好地调和二者的关系，做到持续、平衡的企业发展。

如上所述，建立产品开发策略需要确立用户价值，体现企业价值和愿景，平衡企业的发展资源，实现长期性、持续性地规划发展，其中用户价值是建立开发策略的核心因素，如图5-7。

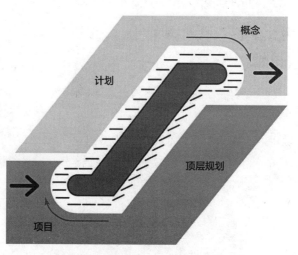

图5-6 产品开发循环模型（手扶梯，可预测的运输、可靠的创新）
图片来源：Owen, Charles. Structured Planning in Design: Information Age Tools for Product Development. 2001

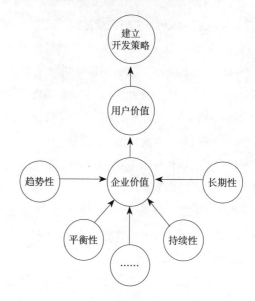

图5-7 建立开发策略相关因素

### 5.2.2 建立开发策略方法

在明确开发策略基本概念的基础上，本小节对建立开发策略的方法进行例举，"SET"从趋势角度提出了建立新产品开发方向的方法，"SMM"从构成角度提出了综合多方意见建立开发策略的方法。

#### 5.2.2.1 "SET"建立策略方法

建立开发策略方法之一："SET"寻找产品机会策略。所谓"SET"，即社会、经济、科技三个方面宏观层面的因素，它们决定并产生着新的产品机会。社会意识逐步转变，经济模式不断演化，科学技术日新月异，如同三个澎湃的引擎推动着新用户需求和市场缺口的产生。"SET"说明了产品机会产生的原因，在宏观方面指出了开发策略建立核心价值的方向。

#### 5.2.2.2 "SSM"建立策略方法

建立开发策略方法之二："软系统方法"（Soft system methodology SSM）是采用社会构成的方式对商业过程工程化。软系统方法着眼解决混乱、动态、不良定义的人类社会问题，其目标不是建立现实模型，而是以社会构成主义为基础，通过比较不同参与者关于社会现实不同观点来认识问题。对于一个问题的深入认识（如何建立一种开发策略），正是通过比较这些模型的差异才被发现。软系统方法强调通过参与者讨论建立最终共识的过程，方法分为七个阶段完成，虽然阶段流程是线性发展，但可以根据具体情况和环境对其中的环节进行反复。

第一、二两个阶段重要的目标是发现。在没有特定结构的情况下，理解问题的基本状态。搜集硬性和软性数据，从直观感觉和以往分析中明确状态。这个阶段可以采用"丰富图片"（Rich picture）的方法，以生动的形象符号代表基本情况。

第三阶段，形成底层定义。为了建立相关系统，该阶段主要是寻找和形成基本概念和定义。底层定义的基本元素，如表5-1。

Catwoe

表5-1

| 缩写 | 元素 | 定义 |
| --- | --- | --- |
| C（customer） | 客户 | 谁是这个行为的受益者、受害者？ |
| A（actors） | 行动者 | 谁是行动的执行者？ |
| T（transformation process） | 转化过程 | 行动的目的是什么？<br>以输入和输出的形式表示 |
| W（weltanschauung） | 世界观 | 是什么样的观点使这样的定义有意义？ |
| O（Owner） | 所有者 | 谁会停止这样的行为？ |
| E（environmental constraints） | 环境限制 | 环境限制是什么？系统考虑这些条件了吗？ |

表格来源：Checkland, P. B. Systems Thinking, Systems Practice. 1981

第四阶段，建立概念模型。概念模型由定义的底层概念发展而来，新系统由新的底层概念构成。这个基本模型可以扩展下属系统，下属系统包含每个元素更为细致的定义以及关系，帮助模型说明整体情况。

第五阶段，对比模型和"现实"。这个阶段的目的就是通过比较模型之间的差别说明可以提高的领域以及新的方向。比较的内容不仅包括模型，还涉及底层定义概念。有三种比较模型和现实的方法：第一种方法是提出具体的细节问题，典型问题例如，"这个行为在真实世界中发生了吗？如果没有，为什么没有发生？如果有，谁使之发生以及为什么发生？"第二种方法是将以往特定的案例在模型中重新输入，比较历史结果和模型输出之间的差别，说明现在的状况。最后一种方法是在现实部分建立描述模型，直接进行比较。参与者知识和背景的局限决定了模型之间的差别，这样的差别恰恰说明状态可以提升的空间。

第六阶段，定义变化。根据第五阶段的比较，确认提升和改变是系统可行的，同时对大众是满意的。

第七阶段，采取行动。实施这些提升和改变，改变问题的状态，同时随着实施也成为整个问题的一部分。这七个阶段循环进行，成为整体SSM 的一部分。

软系统方法提供了具体的操作方法，易于应用于现实情景，对于理性建立开发策略，调节企业内部意见，帮助决策者捕捉开发方向有着积极的作用。

### 5.2.3 设计要求概念及作用

设计要求是将设计任务介绍给设计师的一种文档，是开发策略进一步的发展。设计要求向设计师解释基本情况，罗列设计项目中的目标，指导设计开发活动。在内容上，设计要求一般说明公司的基本情况、设计目的、目标客户以及预算时间等方面的安排。但由于开发是探索性活动，有时设计要求的制定是开发双方不断交流、发展的过程。设计要求是设计师进行方案设计之前的必要环节，其在建筑业、软件业以及设计业都有广泛应用。

在建筑领域，设计要求被称为设计方案书（Design brief），文档主要说明建筑项目的背景和要求，大致包含两个方面的内容：一方面，方案书定义了项目的数量、质量、成本和时间以及有关功能、连接、需求空间、技术系统、工程环境、建筑设计、预算等细节等要求。另一方面，方案书作为法律合同规定了双方的权利和义务。由于在建筑工程管理中，一般采用招投标的形式选择合作伙伴完成设计、施工。因此，设计方案书在建筑工程管理中的重要性比较突出。

在软件开发行业，建立设计要求活动一般称之为需求分析。需求分析活动从软件开发活动中分离，宏观上使整个开发过程分为三个相关的阶段：客户需求的捕捉、需求分析以及技术开发。需求分析是软件项目成功的重要前提条件，如果软件开发方无法同客户建立有效的交流机制，抓住客户表达意图的要点并通过方法转化为科学对象描述，就可能导致软件项目的失败，致使时间和资金上的巨大损失。

在产品开发设计中，设计要求是在开发活动之前设定目标的活动，设计要求对开发的新产品在技术、功能、外观、成本、时间方面进行定义。在外观设计项目中，设计要求特别对产品外观意象、形态、材料、色彩等方面进行一定的限定。在现实产品开发过程中，发展设计要求和设计方案常常因为开发进度而混为一谈。设计要求属于问题空间，主要解决企业的价值链在哪里、产品机会在哪里、产品各个方面的目标是什么这些问题。而设计方案则属于求解的空间，是设计方法和技术的具体应用。简言之，设计要求是关于"要做什么"，而设计方案是关于"如何去做"。设计要求的具体作用和意义体现在以下五个方面：

1）设计要求是形成计划以及完成项目的基础。

2）设计要求是设计协议双方处理商务事物的重要组成部分。

3）设计要求是投资计划估量、洽谈供应商的基础。

4）设计要求是回顾生成方案，检查提出方案的基础。

5）设计要求是形成参与项目多方共识，形成设计合作的基础。客户的意图可以通过设计要求得以传达，设计方根据情况做出的改变可以通过设计要求得以反馈。特别需要指出的是，设计要求自身不是最终目的，而是一种交流手段。通过建立设计要求可以提高设计质量，降低项目研发的风险性，控制研发成本，为客户提高最终的收益率，如图5-8。

高质量的设计要求包括以下五个方面：

1）减少模糊性。设计要求必须让参与项目的人员理解意义相似，这样才能保障开发方向正确，减少不必要的浪费。

2）必要性。设计要求必须完全满足最高层次终端用户的需求。如果必要性不充分，则将增加项目的额外费用。

3）可测试性。满足设计要求必须采取某些客观的测试方法保障方案达到目标，被整体系统所接受。因此设计要求必须单一，可以被测试；同时独立的设计要求也有助于在过程中信息回溯，了解影响设计方案的因素。

4）可实现性。设计要求保障方案在多方面限制下，有实现的可能。

5）中立性。设计要求不带有任何明显的导向，既提供设计师相关信息，又不把设计师的思维局限在一定的范围内。

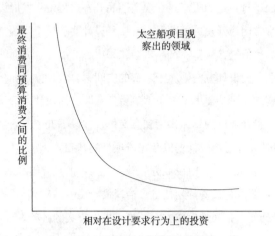

图 5-8　设计要求提高客户收益率

图片来源：Thomson，G A.Requirements engineering laying the foundations for successful design．2001

（在图中可以发现：随着对设计要求投资的增加，最终消费与预算愈加契合）

## 5.2.4 设计要求发展方法

设计要求是目标信息传递、总结和转化的载体。发展设计要求是开发双方交流、达到多方共识的过程，大致包括三个阶段，如图 5-9：首先，收集背景信息，对开发方基本情况、策略导向和商业价值进行分析；其次，创建设计要求阶段，对项目中工程、设计方面的内容进行定义；最后，管理设计要求阶段，对设计要求进行管理和控制的过程。

发展设计要求第一阶段活动的重点在于收集相关背景信息，理解客户的商业过程。Kelly 提出了将发展设计要求的过程划分为两个主要阶段：第一个阶段对客户组织需求的回顾；第二个阶段更为策略化，主要关于问题、功能的细节。在实验观察中发现第一阶段活动总是先于工程小组。由于在具体设计之前，最为重要的是设计对象为客户价值链带来的意义。Atkin 和 Flanagan 也强调建立设计要求的过程对客户商业过程十分重要。在形成具体的设计要求前，有三个"之前"阶段。第一阶段被称为"策略分析"，主要目的是描绘组织的目标、对象、策略和程序。第二阶段是"客户分析"，理解客户的文化、价值和风格、行为方面的特征。第三阶段是"条件分析"，技术性分析，对客户建筑标准的研究。

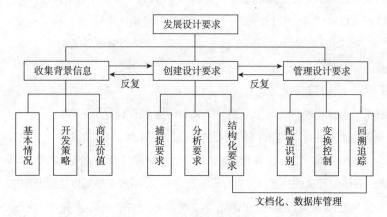

图 5-9 发展设计要求的三个阶段

发展设计要求第二阶段活动主要是创建设计要求，需要产品开发各个领域的专业知识和技能从广泛的信息中捕捉因素，分析后形成一个结构模型反映设计的最终目标。其中主要活动包括以下三个方面：

1）捕捉，又被称为抽取。从参与人员和相关领域获得信息，采用头脑风暴、采访、调查问卷、情景产生、QFD和案例等方法抽取设计要求。

2）分析，将捕捉得来的广泛信息转化为客观的要求陈述。这个过程包括基本陈述、性质分配、分类、细分和决策的优先。这个过程需要同参与人员进一步地沟通以及对专业知识的研究。

3）结构化，将要求结构化以及对要求进行验证的过程。模型化的方法有助于确定元素之间的关系，性能表现和质量尺度可以添加到模型中一起考察。

发展设计要求第三阶段活动主要是管理设计要求，是对设计要求数据进行管理的过程，保证要求在设计方案中得到集成和保持：

1）配置管理。对设计要求识别和控制的过程，每个要求都有一个识别指标。设计要求达到一个满意、成熟的程度就要被保持和冻结。

2）变换控制。设计要求提供了项目最终满足客户的目标，在项目后期对要求的改变会增加费用，因此在项目管理中对设计要求进行控制，保证底线。此外，变换控制可以提供设计要求变化的历史记录。

3）回溯追踪。将不同层次的要求、标准、变化和测试联系起来，进行充分地估量。

产生设计要求可以由开发双方以外的"第三方"来阶段性地完成。这样可以确保将客户的需求全面、准确的传达，确保设计方不分散精力，用全部精力发展方案。经过第三方发展的设计要求形式上一般是中立的，不会产生固定模式的导向作用，减少设计要求对设计师固化限制的消极影响。假使设计师或是客户方自身提出设计要求，一般会根据以往的经验来分析情况，导致设计要求和以往方案密切相关，设计要求缺少"弹性"。此外，将发展设计要求任务与设计任务相分离，有利于对整个设计过程监控，有利于设计结果评估。

## 5.2.5 小结

在设计前期，开发策略为企业建立宏观发展方向，建立新产品商业价值；设计要求定义新产品在功能、技术、设计以及开发成本和时间等因素的目标，指导具体开发活动。两者都是在发展设计方案前树立各级目标的活动。在整个设计过程中，建立开发策略和设计要求阶段的作用以及与其他活动的关系，如图5-10。

图 5-10　建立开发策略和设计要求阶段

## 5.3 设计项目管理阶段

西蒙曾经指出："设计不仅是一个技术进程，而且还是一个复杂的社会进程。"随着设计项目的复杂，完成设计项目需要多领域人员参与完成，因此在设计前期对设计资源的配置离不开项目管理。在 4.3.6 节已经对设计项目管理的基本内容进行了归纳，本小节主要针对项目管理中同设计活动有关的环节进行探讨。

设计属于服务产业，设计服务必须满足企业客户的要求，才能完成项目合同。一方面，由于客户在服务过程中不仅是项目开发主要的信息输入者，也是设计方案重要的评判者，因此项目开发离不开客户参与。因此在设计项目中，支持客户了解设计进程，为设计活动输入有效信息是管理的重要环节之一。另一方面，设计开发依赖设计小组成员相互协作，合作的本质在于共享，运用方法和工具可以促进设计合作提高设计的效率和质量。因此，设计小组合作管理也是项目管理需要考虑的问题之一。

### 5.3.1 客户合作管理

客户是指对合约负责并支付项目费用的企业或组织。客户参与是指在设计开发过程中向设计师提供必要的信息，并对设计方案进行评价的活动。客户合作管理，主要指采取措施，促进客户为项目输入必要的信息，支持设计开发活动，以及建立交流机制保障开发双方合作顺利。这里主要有两个手段：了解认识客户以及建立沟通交流机制。

同客户合作首先需要了解客户。根据经验，客户可以分为专业和新手两类；根据在设计活动中的表现，客户可以分为可识别和虚拟两类。没有经验的客户对设计活动常常缺乏深入认识，对设计要求缺乏管理，缺少相应的专业知识完成开发任务。同新手客户及时沟通，使他们及时了解项目进展情况是保障项目成功的重要环节之一。此外，合作还需要对客户活动进行了解，针对客户需要支持的知识和技术范围进行交流合作。客户产品开发前期的行为分为两类，如图 5-11：

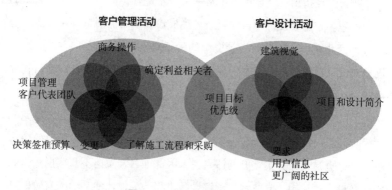

图 5-11　项目前端客户行为分类

图片来源：Tzortzopoulos, Patricia C, RachelL, Chan, et al. Clients' activities at the design front-end. 2006

1）客户管理行为。设计项目管理、决策行为，其中包括以下四项内容：客户的商业操作、项目管理结构（项目管理团队）、决策制定过程（制定协议、预算、交割）、理解设计过程和采购方式。

2）客户设计行为。明确设计具体活动，向设计师提供有关外观、技术等设计要求、用户信息和更为广泛的要求，设定项目的优先权等。

客户合作需要建立有序的交流机制，以便达成共识。客户、用户、设计师、工程师之间由于知识范围和立场的差异，交流过程中总是存在着障碍。此外，客户在为设计提供有效信息上一般都存在着困难。在设计前期，利用设计要求总结、归纳交流的意见，对意见进行分析，有利于发展设计，使项目沿着双方预想的目标发展。

## 5.3.2 小组合作管理

设计小组合作是设计成员为了达成共同的设计目标而建立的一种团队交流、合作方式。分工、合作机制是提升生产效率的重要手段，正是设计小组合作凝聚了团队的力量，所产生的创造力、效率、处理复杂问题的能力远远超越个体。

设计小组合作不单是设计任务的分配与组合，合作中除了设计活动外，还有交流和管理活动。首先，小组成员需要完成分配的特定设计任务。其次，小组成员之间需要利用合作机制进行多领域的交流与沟通。最后，小组成员需要花费额外的精力为建立共同团体而努力，使合作活动有序进行。根据 Stempfle etc 的研究，在设计团队中三分之二的时间小组成员在面对面地处理设计的具体内容，而有三分之一的时间在处理设计团队的组织活动。

设计小组合作的基本过程，从整体和个体的角度出发，就是处理整体设计团队与个体设计师之间关系的过程。合作的过程可以分为三个阶段，如图 5-12。在模型中，从左到右是集成的过程，是将在设计合作中各种不同观点、不同专业领域的观点集合在一起的过程；从右到左是分配的过程，将设计整体的任务分配到个体设计师的过程；中间部分是团体和个体之间交互的过程。整体发展、个体推动以及二者之间交互推动着整个设计进程，而合作创新产生于集成和分配活动之间灵活而又自发的交互。

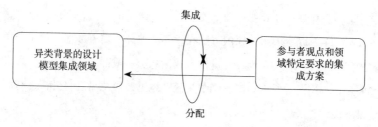

図5-12　设计合作中的集成与分配

图片来源：Peng，Chengzhi，Flexible generic frameworks and multidisciplinary synthesis of built form．1999

小组合作的前提和特性就在于信息的共享——小组成员具有共同的视觉表征、概念模型、工具和具体的材料。根据合作的本质以及设计小组成员的参与程度，可以将设计合作分为三个层次：协调设计、协作设计以及合作设计，如表5-2所示。三个层次的配合程度由浅到深，参与者共享的内容和积极程度逐渐加强。合作管理通过调动参与者的积极性不断地反思，可以提高设计合作质量。

设计合作的三个层次 表5-2

| 设计合作类型 | 特征 |
| --- | --- |
| 协调设计<br>（Coordination） | 参与者完成各自的任务，没有分担对象。仅仅是按照规则完成各自的行为 |
| 协作设计<br>（Cooperation） | 参与者强调分担问题，通过协商找到各方都能够接受的解决方案。将规则转化为建立的自身的行为目标 |
| 合作设计<br>（Collaboration） | 又称为"交流性反思"最高形式的合作形式。参与者不仅分担对象，而且通过建立分享的合作规则组织他们努力合作 |

表格来源：Engesrom，Y，Interactive Expertise：Studies in distributed working．1992

## 5.3.3 小组合作形式

头脑风暴是在组织中使用的一种促进团队创新的合作形式，它首先是由 Osborn 在 1957 年提出的，并且提出了四条基本准则：不要批评、注重数量、结合并且改进想法、说出所有的想法。头脑风暴在面对面产品项目开发的交流中得到了应用，并且促进了产品设计创新。头脑风暴守则在前人的基础上得到了发展，IDEO提出了五条基本准则：①延缓判断。②建立在其他想法之上。③一次讨论一个问题。④围绕一个主题展开。⑤鼓励疯狂的想法。头脑风暴作为设计合作的组织形式为产品项目开发带来的积极影响包括以下六个方面：

1）头脑风暴使用组织中集体记忆支持设计方案，给予小组成员多方面的知识网络支持。

2）头脑风暴为设计成员提供多种技巧帮助。设计成员可以从设计团队中获得以往不同领域的知识和技术。

3）头脑风暴为组织成员形成尊重智慧的态度。没有一个设计师懂得所有的知识，只有在组织中不断地学习和交流才能解决棘手的问题。

4）头脑风暴在组织内形成激励机制，推进团队不断创新。小组成员的表现可以在每次设计合作中都比较容易地得到比较，明显的差距可以成为小组成员前进的动力。

5）头脑风暴中形成的创新方案常常会给客户留下良好而又深刻的印象。

6）头脑风暴为组织和成员提供收入。头脑风暴是设计公司已经成为工作的重要方式之一，是项目创新的保障，因此也作为一种收入形式激励成员参加。

### 5.3.4 促进合作方法

促进设计小组合作的方法，本小节主要从设计小组成员搭配和合作交流工具两个方面进行讨论。

根据设计任务特征，搭配设计小组成员，是高质量完成产品开发的有效途径。设计师在团队中交流意见寻求帮助做出决定，组合不同特点的设计人员，可以充分利用各自优势互补，减少设计盲点和误区，提高团队的合作效率。搭配人员小组的方式很多，这里主要讨论通过设计认知策略（Cognitive strategy）判断设计师的类别，发挥不同设计认知上的优势搭配设计小组成员的方法。

所谓设计认知策略是通过对设计师设计行为的实验观察，概括总结出的设计师处理设计问题的一般方式。换句话说，设计师在处理设计问题时，总是按照各自一定的思维习惯进行。不同设计认知策略具有不同的设计行为，影响了设计的最终结果。研究者根据设计师投入在每种认知活动中时间的比例，发现了设计行为偏好，划分了四种设计策略：问题驱动、方案驱动、信息驱动和知识驱动。问题驱动设计策略指设计师投入了大量时间定义设计问题，并围绕着相关问题搜集信息。该策略通过定义设计问题，设计目标明确准备充分，所以产生的设计方案综合评价最优。信息驱动设计策略指设计师将全部时间用于信息收集，利用外部信息完成方案，信息驱动是问题驱动的极限情况。方案驱动设计认知策略指设计师将主要精力放在方案的产生上，而很少时间搜集信息、定义问题。该策略一般会产生大量的设计方案，但由于没有很好的定义问题，设计结果往往存在缺陷。知识驱动设计认知策略指设计师将全部时间用于通过自身知识和经验进行方案设计活动上，很少收集外部信息，知识驱动是方案驱动的极限情况。认知策略在合作团队中的优势，如表5-3。

认知策略与团队优势效应       表5-3

| 策略 | 在团队中的优势 |
| --- | --- |
| 问题驱动认知策略 | 1. 设计信息搜集详细、全面。<br>2. 设计问题目标明确。<br>3. 设计考虑全面，可实施性强 |
| 方案驱动认知策略 | 1. 设计思路活跃，感性因素多。<br>2. 设计方案数量多。<br>3. 设计创造性、跳跃性强 |

研究提出了以用户为中心对产品进行分类的思想，该划分方法建立

在用户生理和认知心理基础之上，包括看待物品的三个层次。依据以用户为中心的划分标准看待设计任务，并结合设计认知策略的特征，对设计小组人员进行管理，对建立设计合作团队具有指导意义，如表5-4、表5-5。

设计类型对应策略        表5-4

| 类型 | 设计侧重 | 偏重设计驱动策略 |
| --- | --- | --- |
| 本能水平设计 | 产品外观形式 | 方案驱动认知策略。产生多方案，探索设计的多种可能，保证形式变化的多样性 |
| 行为水平设计 | 产品可用性 | 问题驱动认知策略。发现相应的设计问题，提高产品的可用性和功能可靠性 |
| 反思水平设计 | 产品品质和文化 | 问题驱动认知策略。综合把握文化趋势和产品自身特征，挖掘、提高产品品质，加深和拓展产品的文化内涵 |

认知策略特征        表5-5

| 认知策略 | 认知活动特征 |
| --- | --- |
| 信息框架认知策略：设计前期为信息框架搜集相关的信息 | 1）按照类别搜集各方面的信息，建立广泛的联系，将问题放到大的背景中求解。<br>2）搜索信息逻辑思维占主导。<br>3）较高的问题解决质量 |
| 非信息框架认知策略：设计前期没有刻意的准备信息框架，不受影响，缺乏限制 | 1）直觉形象思维占主导，信息框架不完善。<br>2）产生大量的设计方案。<br>3）摆脱了原有信息的限制，有突破性发展的可能 |
| 准信息框架认知策略：设计前期为了案例搜集信息 | 1）使用以往的经验或是案例作为现有问题的框架进行求解。<br>2）信息加工减少。<br>3）较低的创造性和较高的设计效率 |

1）本能水平的设计，是用户生物水平的本能反应，以最快的速度，对美丑、安全与否向中央系统、肌肉发出信号；这一层次的反应是这类产品依靠外形的初始效果吸引用户的设计和用户依靠本能包括潜意识来认识周围事物的基础（如一般生活用品、化妆品、简单的电子类产品等）。

2）行为水平的设计，是建立在本能认知水平基础之上的认知，用户根据固定的规则分析周围的环境，做出行为上的反应，通过体验和练习丰富其行为水平的认识，并经过一定的操作，使用产品工具完成任务的设计。用户关心产品的品质和性能，使用者的生理、认知心理需求决定着产品（如自行车、鼠标、滑雪板等）。

3）反思水平的设计，是用户最高水平的认知，也是用户对自身活动有所意识性的认识，且随着认知的深化产生了新的认识概念。用户强调对产品的整体情感认同，是较高反思情感因素的设计。娱乐、时尚、完善自我形象、纪念品、品牌价值等高级情感联系是这类设计的特征（如Nike运动鞋、B&O音响、旅游纪念品等）。

以设计师投入到各种认知活动上的时间判断设计师类型，判断过程复杂在实践中很难操作。如2.5节所论，可以根据设计师在设计前期建立信息框架的模式判断设计师认知类型，同样也可以反映设计师的认知特征。

从信息传递角度出发，设计合作是成员之间信息交流的过程。信息传播系统中包含五个部分：信息源、传递者、信道、接受者、目标。设计小组中的各个成员是信息源，语言、图形和身体姿势是传递者，草图、会议、网络平台、外部环境是信道，设计小组中其他成员是接受者，对设计问题的理解和解释是交流目标。设计合作离不开交流媒介，使用工具关系到合作交流的效率和结果。这里主要讨论设计草图以及计算机网络工具对促进设计合作起到的作用。

设计合作中草图存在三种形式：思维式草图（Thinking sketch），设计师通过推敲草图，推动设计思维的进展；交流式草图（Talking sketch），小组成员使用草图对设计对象相关联的部分进行指示和交流讨论；存储式草图（Storing sketch），设计师使用草图展示设计并记录设计信息，如图5-13。因此，草图作为小组合作交流的主要媒体形式，除了是信息的载体外，还可以促进设计成员对设计思路进行重新思考，扩展设计思维的关联，特别是在方案刚刚产生的时候，草图可以帮助集合团体思路，对方案指出发展方向起到积极的作用。

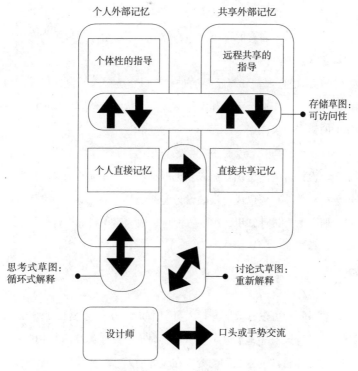

图 5-13　设计合作中草图的理论功能

图片来源：Lugt，Remko Van Der． How sketching can affect the idea generation process in design group meetings． 2005

计算机对概念设计的合作支持主要利用计算机网络将参与小组成员组织起来，分配设计任务，共享设计知识，以达到提高设计质量和效率的目的。根据设计小组成员之间的交流方式，基于网络计算机支持的设计合作类型可以分为以下三种：①同步交流，如网络即时通信工具。②非同步交流，如论坛。③文档的共享，如 FTP。

计算机支持合作的意义和优势，除了摆脱时间和空间的限制外，还主要集中在以下三个方面：

1）为参与者提供一个交互平台。计算机支持的设计合作将收集的知识利用网络进行分享，形成知识平台。参与者可以将设计问题想法和临时方案与小组其他成员即时的沟通，得到多方面的支持，产生创新突破。此外，这样的平台有助于引入多领域的专家，给予项目更为专业的支持，具有很强的灵活性。

2）对合作进行评估和修正。通过计算机系统记录的设计过程，可以对设计过程和合作进行定性和定量的分析，从而为理解合作过程，修正合作中的错误提供依据。

3）对设计过程进行记录，积累设计知识。在计算机支持的设计合作网络中，设计过程的组织安排以及进展都可以被详细的记录。这些信息经过分析和总结就可以成为反映设计实践的第一手资料，一方面可以支持设计研究发展设计知识，另一方面可以成为案例指导设计。

## 5.3.5 小结

设计项目管理可以有效地安排人员、时间和资源，预测和规避风险，保障开发活动高效有序地展开。本节主要讨论了设计项目管理中的客户合作和小组合作管理的方法和内容。在设计前期，设计项目管理是客户和设计合作小组二者之间的中介和枢纽，负责调整和转化两者之间的信息，如图 5-14：一方面，项目管理者接受客户委托，帮助客户了解设计过程安排，使客户积极参与设计要求的建立；另一方面，项目管理向设计小组分配设计任务，组织完善设计要求，达到小组成员之间充分共享的目标。

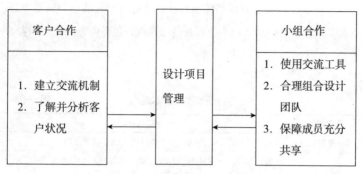

图 5-14 设计项目管理的中介作用

## 5.4 设计认知创新准备阶段

认知心理学主要研究人的高级心理过程，如注意、知觉、表象、记忆、思维、语言认识和理解问题等。通过采用案例分析、草案分析、出声思考等认知心理学实验方法，设计研究者对设计活动在认知层面产生了一定认识。在 4.4 节对设计认知的基本机制和设计问题的特征进行了论述，本节从设计师创新认知和思维固化两个方面进行深入讨论。

### 5.4.1 设计创新认知概念

创新是现今使用频率最高的词语之一，理论创新、制度创新、管理创新、技术创新、方法创新，其内涵多样，被运用在诸多领域。在产品设计领域对"创新"的研究可以分为四个方面（person，process，product，press 4P）：创新"个人"因素研究集中在对设计师心理特质的探索，创新"过程"因素研究分为思维认知机制和方法两大方面，创新"成果"因素研究集中在用户对产品创新性的评估反馈，创新"环境"

因素研究集中在创新价值评判体系和社会环境对创新活动影响等方面。在心理学领域，对创新认知本质有各自的观点，包括以下四种，如表5-6所示。

对创新本质的基本观点     表5-6

| 研究者 | 基本观点 |
| --- | --- |
| Plucker & Renzulli | 暗示性理论。个人的认知和个性是产生创新的重要因素 |
| Amabile | 系统性理论。创新由任务动机、相关领域技巧和创新相关技巧三种主要因素组成 |
| Gruber & Davis | 系统性理论。创新是发展与目标的偏离，知识和情感是影响创新的重要因素 |
| Csikszentmihalyi | 系统性理论。创新来自个体、领域（环境或对创新的判断）以及范畴（文化或环境创新存在的地方）之间的交互 |
| Sternberg & Lubar | 用投资理论理解创新。个体使用智慧、能力和知识进行投资，一般使用买低卖高的策略来选择创新领域。只有在大多数人不是看好的前提下，发展认为有可能突破的方向才能够创新 |
| Goel | "出现"理论。将创造性定义为对想法和概念的重新认识 |

## 5.4.2 设计创新机制

### 5.4.2.1 生成探索模型

Finke等提出了创新认知生成探索框架模型，描述一般的创新机制，如图5-15。作为原型，该模型可以用于解释建筑设计、产品设计等创造性活动。在模型中，"创新前结构"（Preinventive structure）是生成和探索认知活动的重要结构，它依赖以往知识结构和内部心理结构存在，是最终具体创新结果的先驱和雏形。创新可以理解为：在内外部环境的一系列要求和限制下，不断地生成、探索和修改"前结构"直至形成质变的过程。其中具体的生成认知活动包括：记忆恢复、关联、心理分析、心理转化、比较转化和类型减少。具体的探索认知活动包括：性质发现、概念解释、功能交互、内容转化、假设测试和寻找限制。

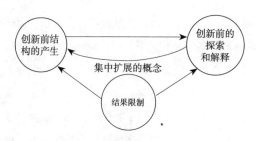

图 5-15　生成探索模型的基本结构

图片来源：Finke，R.A，Ward，T.B，Smith，S.M.Creative Cognition. Theory, Research and Applications. 1992

### 5.4.2.2 类推创新模型

Bonnardel 认为设计创新性的行为本质是"相似性类推"，设计师在限制环境中通过以往相似的经验和案例建立不同层次的类比，理解和解决现有问题。由于设计是不良定义问题，复杂且没有固定的解决程序，为了解决面临的问题，设计师常常利用以往的案例和方法作为解决问题的基本模式。创新活动是通过类比以往的案例和概念，通过适当的修改、转化发展而来。其中，限制性认知环境使设计师集成多方面因素和观点，使新的设计方案满足新的要求。因此，Bonnardel 提出了支持创新的两个相互限制的基本机制：

1）将类推活动建立在高层次和相互交叉的领域，这样可以扩展新概念的产生空间。

2）通过建立外部和内部限制机制，形成限制性的认知环境，减小搜索概念的空间。

### 5.4.2.3 关联创新模型

关联作为一种心理加工过程，是一种将想法和事件在记忆或者是图像中结合起来的认知心理活动。这种心理认知活动，有两种处理记忆的方式：一种是顺序记忆，例如做一件事的顺序；一种是前置记忆，其中包括：语义联系和松散联系。语义联系可以通过语言学的方法进行分析，通过词语表示的类别和不同等级的抽象程度产生联系；而松散联系没有规律可循，同个人的经历有关。

在设计认知中，关联是认知建立一个因素同另一个因素之间关系的过程。概念、问题、要求和思路是构成创新的基本要素，通过推理、因果、类比等联系构成网络，这样的网络可以是具体的，也可以是抽象的。而整个创新活动可以看作是在要素之间建立网络的过程。很多研究者对关联在创新中的作用进行了多方面的讨论。

在采用"记忆回顾"的研究方法观察设计认知的过程中，Cross 发现在探索过程中，具有意义的设计部分之间的关联促进了新想法的产生，推进了创新的发展。Goldschmidt 使用了 Linkgraph 方法更为系统地分析了设计过程，证明关联在创新中的重要意义。Linkgraph 方法用于表明设计想法和决策之间的转移，方法定义了两种关联移动方式：一种是返回式，是指关联移动到以往的想法或联系中；一种是向前式，是指关联推动向前产生，是无法预期而只能后期归纳的，其中向前式的关联是创新突破的重要表现。实验定义了具有三个联系以上的想法，归纳出设计发展的重点路径，提出了一个明确的观点：好的设计想法就是联系广泛的想法。如图 5-16 是一个设计过程案例图示，用于说明操作次序以及相互影响。

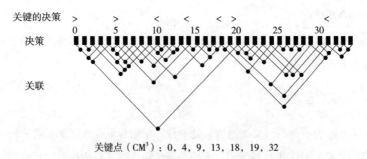

关键点（CM³）：0，4，9，13，18，19，32

图 5-16　Goldschmidt 提出的关联图

图片来源：Goldschmidt. How good are good ideas？Correlates of design creativity. 2005

### 5.4.3 设计思维固化

#### 5.4.3.1 思维固化基本概念

与创新相对应的认知心理现象是"固化"。设计固化（Design fixation）又被称为"功能固定"（Function fixedness）和"机械化思考"（Mechanization of thought），它是设计思维中存在的问题，表现为设计师很长时间内困在同一个想法中，不知道如何推进设计。设计思维固化出现时，设计师会被自身熟知的属性限定，重复出现以往他们设计的特征，没有创新和变化，结果影响了设计质量。对设计固化的认知机制有着不同的解释，以下进行回顾。

设计固化被解释为一种概念空间向对象空间之间转化存在的困难。Jasson 和 Smith 发现在设计方案生成之前，给设计师一种可能的答案，设计师的思维就容易发生固定。研究者解释认为，设计过程存在两种心理表征：一种是概念空间（Concept space），由抽象的概念和准则构成；一种是对象空间（Object space），由物理实体和元素构成。在设计前呈现给设计师的图片性表征属于对象空间，设计思维固化就是由于思维专注于对象空间，而无法向概念空间转化。创新性方案正是由于概念空间同对象空间之间相互转化而产生。

Purcell 和 Gero 对以上设计思维固化的观点提出了质疑，他们认为思维固化的本质在于设计师对学科规律的掌握程度。在机械领域和工业设计领域设计师存在不同的思维固定现象，由于缺乏其他领域的细节知识，设计师只能依靠类似图片的日常知识来进行思维，所以产生了类似于以往案例的固化。当去除相似性的影响，问题类型属于设计师的知识范围，设计思维的固化就可以减少。Purcell 和 Gero 也给出了减少设计思维固化的一般建议：要给设计师一系列的案例作为参考的资料，这些案例由典型到非典型，既可以补充细节性知识，又可以减少相似性带来的影响。因此给出案例的顺序要有一定的安排，要提醒设计师案例的顺序对认识事物会产生影响。此外，设计师可以考虑概念和不同状况之间的关系，移除以往案例的相似性，减少设计思维固化。

从关联认知的角度，设计思维固化可以看作设计师无法对因素与因素之间的联系进行完整地搜索，只能对其熟悉的内容进行联系的现象。固定的联系产生了固定的结论和决策，影响了设计的创新性发展。减少固定思维就要改变关联方式。一方面，为设计师提供不同的关联准备，发展多样可能；另一方面，设计师需要发展设计主线，使众多联系朝一个方向发展。

此外，设计思维固化被解释为缺乏"流动性"。所谓"流动性"是指一种快乐的工作精神状态。当全身心地投入到工作中时，人将失去对时间流逝的感觉，人的直觉、灵感、兴趣、品位、好奇和美感等思维活动活跃，对自己的工作有很强的满足感。要减少设计思维固化，就要保持流动性，保持自身的主观动机和理性思维的活跃。

### 5.4.3.2 设计前期思维固化

设计前期的活动是影响思维固化的重要因素之一，研究中发现设计前期设计师存在坚持最初概念，而缺乏探索多种可能的情况。尽管在设计过程中会出现意想不到的困难、新的变化、发展出新的限制，设计师一般不会返回建立一个新的概念，而是坚持最初的概念。"当设计师很快就被证明产生了一个并不令人满意的方案时，设计师总是很不情愿地放弃原来的想法，而是努力寻找最初方案可能的变化。"通过研究设计师形成第一方案对设计目标的影响，可以较为全面地解释设计前期思维固化的现象。

一般情况下，由于没有明确的设计要求，设计师首要的任务是明确设计要求，理解设计问题。然而复杂的设计问题很难在短时间内达到深刻理解的程度，第一个方案的产生对设计师来说似乎是首先建立起来的可以信赖的基本框架，帮助设计师理解现有的状态和设计发展方向。因此，认识问题的最初框架是产生设计前期思维固化的重要原因，最初产生的概念妨碍了新概念的产生。此外，建立在第一个设计方案基础上的设计要求框架，由于思考成熟度有限，会对设计方案的发展产生误导。也正因为这个原因，所以"不要嫁给你第一个想法。"研究者认为建立中性、明确的设计要求是有效发展设计概念的前提，这样既可以防止设计前期思维固化，又帮助设计师建立合理的概念框架发展设计。

### 5.4.4 小结

在"创新"这个词语中："创"是动作，是施动者；"新"是名词，是受动者，是动作的结果。在理解创新概念时，我们常常强调创新中的结果——"新"，认为与以往的差异是创新的关键。通过回顾创新认知机制，可以发现以往的知识、经验以及案例对创新认知活动的重要性。新的创意不是凭空产生的，灵感火花只有在充满"可燃气体"的环境中才能爆发。"可燃气体"就是以往的知识、经验、案例和技巧。

与创新认知相对的是设计思维固化，设计思路僵持在一个阶段或一个概念，缺乏新的变化。由设计思维固化的机制可知，提供典型和非典型案例、改变固有的设计思维关联模式以及调动参与者的积极性都是减少设计思维固化的方法。而在设计前期，提供中立、合理、全面的设计要求是准确把握设计问题，防止设计思维固化的有效手段。根据以上对创新认知以及思维固化的讨论，提出设计前期认知和创新准备的方法，为提高设计方案的质量和创新程度奠定基础。

1）建立设计案例库，对设计知识进行管理

以往的设计知识不仅对设计认知，而且对设计创新都有着决定性的作用。设计案例潜藏着丰富的显性、隐性设计知识，通过设计知识管理，帮助设计师寻找适合的设计案例，提高设计前期准备的质量。

此外，通过学习以往案例知识，类比不同领域知识，拓展创新空间；通过建立限制性的认知环境，完善创新方案。理解设计对象规律深浅决定了设计师是否可以跳出以往设计思路，摆脱设计思维固化困扰的重要因素。设计前期可以提供广泛的案例以展现设计对象的一般知识，还要移除案例相似性带来的负面影响，改变固有思考的环境。

2）创建和改变关联的模式，支持设计创新

设计可以看作是一个由概念、对象、问题、要求以及这些因素之间联系组成的网络。好的设计概念是众多想法相互交叉联系发展而来的。设计师由于经验和习惯总是在一定的环境中建立相似的联系，这样就容易产生设计思维固化。通过工具 Ideafisher、Inspiration、Ideagenerator、Mindlink、Ideaspace 创建和改变关联的固有模式，就可以为创新提供多种可能。

3）发现设计因素

由上文论述总结，设计可以看作一种转化活动。发现设计因素是设计师结合设计知识、挖掘用户潜在需求，将之转化为产品功能、外观等设计因素的过程。设计因素是前期信息搜集分析的结果，设计因素的形成是设计活动由商业策略转化为设计策略的标志，决定着设计创新的价值所在。

## 5.5 前期规范性模型应用案例

以建筑电源插座的新产品开发项目为例，应用设计前期过程规范性模型指导前期准备。应用案例说明了设计前期各个阶段活动目标和过程以及最终的设计方案结果，用以验证规范性模型的有效性。

### 5.5.1 建立电源插座开发策略

在中国，电工市场是继彩电、冰箱之后家电市场的又一热点。全国

2000多家电工产品生产企业，上百亿元产品的市场中鱼龙混杂，其中20%的产品是知名品牌，其他80％的产品参差不齐。然而，电工市场迅速发展，进入到了价格战、概念战、质量战、外观战阶段。经过几年的裂变、沉淀和淘洗，电工市场将会出现垄断的情况。

在这样的背景环境下，企业A建立了建筑电源插座开发项目，委托设计方Z进行开发。项目贯彻建立差异化的产品，树立企业品牌的开发策略。设计方Z采用"SET"的方法，通过广泛搜集社会、市场、技术方面的信息，寻找产品机会。一方面，对建筑电源插座市场竞争的基本现状进行调查，并对市场中的领导者发展策略、产品特征进行分析，明确差距和目标，如图5-17。与此同时，开发小组对企业自身的基本情况和技术状况进行初步了解，初步建立了结合企业内外基本状况的建筑插座设计方向，设计方向包括以下三个方面：

1）安全到家。安全性是电源插座首要考虑的问题。新产品不仅应该在技术上，而且要在设计和人机方面，为客户提供最安全的产品。下面的数据可以反映电源插座安全性的重要。2018年1～8月份，全国消防部门共接报火灾1.42万起。从起火原因看，因电气引发的火灾占34%。公安部的调查数据显示，我国近10年累计发生的火灾事故中，由于电源插座、开关、断路器短路等原因引发的火灾约占总数的近30%，位居各类火灾之首。由此可见，全面考虑产品的安全性是新产品成功的首要前提。

2）功能到家。建筑电源插座应用范围广泛，几乎每个建筑都要安装上百套插座。不同的使用环境、不同的使用者决定了建筑电源需要有多种功能。可以从两个方面着手考虑产品的新功能：利用技术为插座创新，添加功能；利用产品设计为插座创新，从用户着手，创造新的使用方式。

3）个性到家。为不同人群、消费阶层提供具有审美特质和价值取向的电源插座。电源插座的购买一般在装修的过程中，插座作为装修中的一个细节，如何同装修的整体风格匹配就显得至关重要，多样化设计是必由之路。例如，品牌西蒙"欧式60"中具有色彩自由组合设计，这款产品提供1600多种的色彩组合，色彩DIY成为家装界的一个买点。

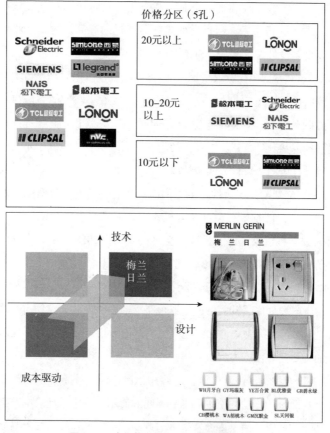

图 5-17　市场状况分析和对市场领导者分析

## 5.5.2 项目管理以及任务分配

在商业需求明确和初步设计方向建立的同时，设计方Z成立插座设计项目。项目主管通过 MS-PROJECT 软件，对插座开发的时间安排、人员组织、任务分配进行了详细地规划，并根据基本状况通过电话和电子邮件进行交流，及时地将设计状况和意见同企业 A 交流。针对电源插座属于行为层面的产品设计，在任务分配上特别注重了对用户活动的观察分析，希望在其中发现创新性的设计因素。在项目人员安排上，为了避免单一领域背景的设计师带来信息的局限性，特别安排了电气相关专业人员参与。安排小组成员每周面对面交流，讨论议题，通过 FTP 传递文件。项目管理保障了设计活动有序地进行，促进了项目的成功。

### 5.5.3 发现电源插座设计因素

在具体方案生成之前，设计小组再次搜集了多方面的信息，扩展设计问题空间，寻找可能的设计创新设计因素。

首先，对产品外观设计状况进行分析，明确外观设计趋势，确立设计基本的外观方向。电源插座外观设计同质化现象比较明显，各个厂商的外观差异性不大，绝大多数产品在外观形式、材料、色彩上都非常相似，集中在现代、简洁风格。但是其中一些高端厂商外观设计具有系统性，形成了具有一定差异性的产品系列。根据具体产品设计风格分析，确定了这次项目开发有大致四个产品外观设计方向，如图 5-18。

其次，搜集插座使用环境状况信息，对插座使用的特殊环境进行分类，发现其中有待改进的问题，如图 5-19。其中总结存在的问题有：

1）在高品位的装修环境中，建筑插座作为细节对整体风格的匹配尤为重要，插座个性化设计有待提升。

2）在卫生间、厨房等环境相对复杂的情况下，建筑电源的设计需要对安全性和使用情况进行特殊考虑。

3）家居环境中，电源插座周围普遍存在着电源线多且杂乱的情况，不仅影响卫生清洁，而且形成了安全隐患。

再次，对现有创新性插座设计进行信息搜集，以及应用各种新型材料的插座信息，设计成员评价和分析其中的设计因素，如图 5-20。

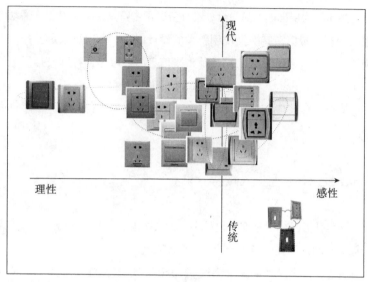

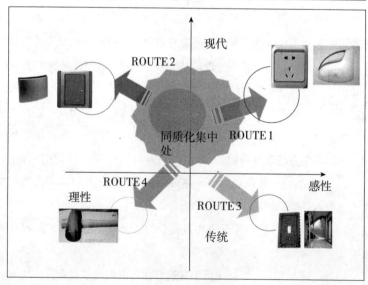

图 5-18　产品外观设计分析和设计方向的建立

图 5-19　电源插座使用环境分析

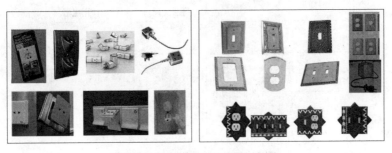

图 5-20　产品案例搜集和新型材料搜集

最后，对用户使用插座状况进行记录、分析，发现有关人机关系中视线观察、手姿、插头和插座因素之间存在的问题，如图 5-21。用户执行一个插头插入插座的任务时，大致分为四个步骤：

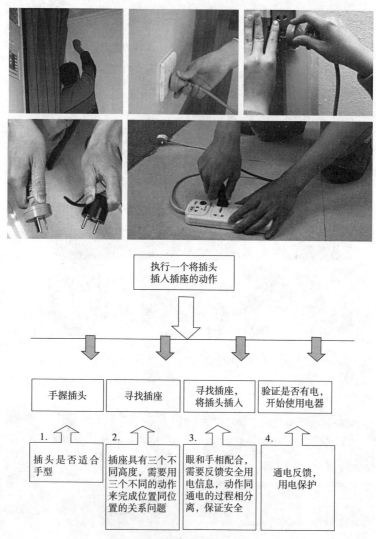

图 5-21　用户使用情况以及任务分析

1）手握插头，所以插头是否符合手型是影响使用的关键因素。

2）寻找插座，建筑电源插座固定在墙壁上，一般有三个不同的高度，用户需要采用不同的姿势完成动作。

3）将插头插入插座，需要用户眼睛和手的配合，插头同金属弹片之间的摩擦力决定了用户的用力程度。由于插头一旦进入插座，就转为了通电状态，在这个过程中手一旦接触金属，或是遇到漏电情况就十分危险了。因此将通电和插入两个过程进行分离的电源插座在使用时更为安全。

4）插头插入插座任务完成，验证是否通电，对电源线进行调整，开始使用电器。通过任务分析可以明确设计因素，为产品创新奠定基础。

回顾整个插座开发前期活动过程可以发现：准备活动完成了方案设计前树立设计目标的基本任务，前期准备三个阶段遵循了明确状态、确立目标的处理问题原则。在搜集信息时，遵循了扎根原理，多次进行信息的扩展与收敛，尽可能全面地搜集插座有关的信息并进行分析，为发现设计因素奠定基础。经过认真的前期准备后，设计问题空间基本建立完成，设计小组开始着手方案设计。

在项目运作过程中由于设计对象相对比较简单，所以没有发展具体的设计要求，以设计方向替代。

## 5.5.4 建筑电源插座设计方案

经过设计前期准备，在设计发展方向的指引下，经过两周设计时间，设计小组产生了 10 个以上的设计概念方案，如图 5-22、图 5-23。同以往仅仅从产品外观出发寻求变化的设计方案相比较，经过充分准备的设计项目产生的方案有了质的提升。应用规范性模型安排设计前期，明确了各阶段和层次活动的目标，充分调动了设计资源，为产生高质量设计方案奠定了基础。

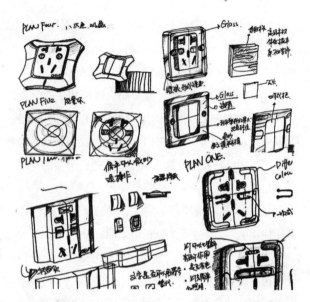

图 5-22　建筑电源
插座设计草图

图 5-23　建筑电源
插座设计方案汇总

　　方案 A：倾斜面插座，放在距离地面 20cm 处，相对易于观察，如图 5-24A。

　　方案 B：除了倾斜面的设计外，倾斜面可以像开关一样摆动，控制通电情况。这样除了便于用户观察外，还可以将插头插入过程同通电过程相分离，如图 5-24B。

方案 C：五孔插座，倾斜面的设计除了易于观察的目的外，也将两孔和三孔两个功能区域区分，如图 5-24C。

方案 D 和方案 E：通过在插孔下的突起固定电线，防止因为电线被拽动而切断电源，如图 5-25D、E。

方案 F 和方案 G：插座带有电线，可以延伸。一方面方便插拔，将二者连接部位处于适合的高度；另一方面延长了电线连接的长度，方便了使用，如图 5-25F、G。

方案 H：壁灯同插座结合，方便在缺少照明的情况下使用，如图 5-25H。

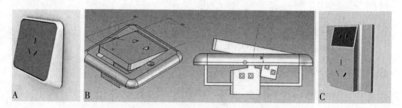

图 5-24　设计方向一，倾斜面适应观察

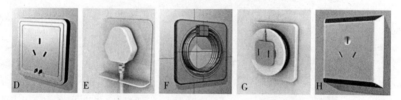

图 5-25　设计方向二：保障电线的稳定，不被拽动而切断电源

## 5.6　小结

本章根据通用问题解决原理、信息处理扎根原理和瀑布软件开发系统模型建立了设计前期过程规范性模型，并对模型中三个阶段采取的方

法进行了详细的论述：解决设计问题，首先需要了解问题的基本状况，而后才能采用一定手段使问题由初始状态向目标状态转化。设计问题复杂，需要分解转化为各个小目标，逐个定义分别解决。处理设计信息时需要建立在广泛搜集资料的基础上，采用逐层推进的加工模式。这样一方面可以保障搜集信息全面，另一方面便于集中处理重要、有价值的信息。在安排前期准备活动时，需要划分阶段、明确阶段目标。通过对每个阶段完成情况的检查评估，确保准备活动的充分、有效。该模型符合人类处理问题的一般原理，有利于处理开发项目中的成员分工合作，有利于针对各层次活动采用方法提高设计方案质量和效率。将前期规范性过程模型应用于建筑电源插座的实际设计中，设计方案结果显示模型具有一定的应用价值。

设计前期的描述性模型和规范性模型作为设计原理，不仅可以帮助我们理解设计过程，改善准备方法，而且可以作为概念化工具将设计过程转化为设计知识供设计师学习、重用。下一章将设计原理工具化，将知识管理的概念引入设计前期，提高准备质量和效率。

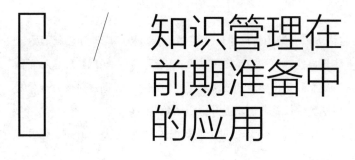

# 知识管理在前期准备中的应用

在设计前期引入知识管理方法与系统，可以提高设计师以及设计开发团队准备的质量和效率。本章分别提出了三种面向工业设计领域的知识获取、存储、共享知识管理方法，用于支持基于知识的设计。本章主要内容包括以下四个方面：

1）介绍知识管理和设计知识的基本概念。

2）提出了基于问题与方案共进模型的设计知识获取方法。

3）建立了面向产品外观设计的知识管理方法。

4）构建了面向临时团队的产品设计知识管理系统。

## 6.1 设计知识管理基本概念

### 6.1.1 知识管理概念

知识管理可以纳入企业管理的范畴，对设计管理的定义可以归纳为以下三类：

1）目的方面：知识管理是运用集体的智慧提高应变和创新能力，是为企业实现显性知识和隐性知识共享提供新途径。知识管理是对拥有的知识进行反思和知识交流的技术和企业组织结构，通过对智力资源的管理，可以达到促使企业创新提升组织绩效的目标。

2）过程方面：知识管理是对企业知识的识别、获取、开发、分解、使用和存储过程。

3）资源方面：知识管理是利用组织的无形资产创造价值的艺术。

工业设计行业是一种知识密集型创意产业，不同于一般的企业组织中的知识管理，设计开发活动具有独特性、非重复性和智力性。在设计组织中，设计知识管理是对不同类型的知识进行持续地管理，包括创造、组织、存储、搜索和获取，通过管理可以将散乱的信息片段转化为可以系统性应用的知识，从而促进设计知识的共享和重用。

设计知识管理对于设计组织尤为重要。产品开发需要重用设计知识，提升品质，缩短开发周期。开发成员需要综合显性、隐性设计知识进行项目决策。此外，人力资源的流通影响了核心竞争力，设计公司需要利用设计知识保持优势。因此，只有通过设计知识管理，才能高效地收集、存储、共享、传播和重用设计知识，提升工业设计机构的创新力和竞争力。

在技术和应用领域，知识管理研究集中在框架、基于知识库的系统、数据挖掘、信息和通信技术、人工智能专家系统、数据库技术和建模技术等七个方面。

依照知识过程角度，知识管理主要包括知识的获取开发、组织存储、传播共享、检索应用以及知识和知识管理评价等。知识的获取开发指组织从外部获取和内部创造开发知识。知识的组织存储是把获取的知识转化为结构化、系统化形式。知识的传播和共享是实现员工之间、员工和管理者之间、各部门之间的知识传播共享等，激发组织的创新性。知识的检索应用主要是从知识库中检索获取知识，完成工作任务。知识和知识管理评价包括对知识本身价值、知识利用效果以及知识和知识管理给组织带来的效益等进行评价。

## 6.1.2 设计知识基本概念

工业设计是以处理产品外观为中心任务的活动，设计知识通常可以理解为：从设计教育和工作经验中得来的，可以产生设计的知识，它是对设计实践活动经验性的总结和积累，在设计领域具有启发性。根据设计过程，设计知识分为三类：对象知识——有关人造物特征和属性的信息，实现知识——有关人造物工程实现的信息，过程知识——有关设计程序操作性信息。

产品设计知识，就其目标而言，以支持设计师产生和发展设计为目的，具有启发性；就其载体而言，设计知识主要以产品实物、图像、草图等案例形式存在；就其显性、隐性知识特性而言，设计知识既包括可以被计算机处理、存储的显性知识，也包括设计师的灵感、经验、技巧等难以用语言表达和描述的隐性知识。

工业设计领域设计知识的研究集中在知识特性方面：设计知识来源和积累于实践过程中，基础复杂；它具有描述性和规范性的本质，在工作室交流、学习中具有一般性和个体性特征。此外，通过建立用户知识与设计知识的匹配模型，发展了一种基于知识的产品造型技术。

根据产品设计知识的定义，通过归纳和划分影响设计知识的多种因素，对其建模。

$$K=f\ (P,\ O)$$

方程式中，$K$ 指产品设计知识。$P$ 指个人，即"人"。$O$ 指产品，即"物"。

$P_1$，$P_2$，…，$P_n$. 构成个人内、外在的条件和特征，包括各种生理、心理指标和要素，以及自然环境、社会、文化、习俗等因素。

$O_1$，$O_2$，…，$O_m$. 构成产品内、外在因素和特征，包括功能、外观、结构、行为、人机、界面、价格、市场等各种因素。

### 6.1.3 设计知识的创意属性

设计知识泛指设计与决策中各种信息的总和，创意属性指设计中处理"人"与"物"、"物质同精神"环节所涉及的系统知识体系，对象遍及产品、建筑、服装等多个领域。本书着重对工业设计领域的创意特征进行讨论。

设计活动被描述为以目标为导向的一系列行为，包括限定、探索、学习以及决策制定等。产品作为设计对象，既具有物质功能结构，又是精神美学载体。产品设计需要跨越用户域、功能域、结构域以及制造域的同时，还需要处理市场、文化、艺术、审美、情感、人机、界面等方面的问题。因此，面向新产品开发存在多重设计目标。知识构架以用户为中心，处理"人"与"物"之间复杂关系，同以功能为中心，处理工程领域的知识体系，形成了各自的理论侧重。总之，随着设计分工的出现，设计活动依赖的知识领域开始分化。

产品设计的创意特征主要体现在以下两个方面：

1）就知识领域而言，创意以形态符号为载体，强调精神价值，是哲学、美学、艺术、文化的全面延伸和物化。

2）就知识演化而言，由于人自身生理、心理和社会属性的多样性，以及创新思维的复杂性，创意不断产生，知识空间随之扩展、深入。

此外，通过比较研究目标、对象、方法以及内容，可以看出创意知识与工程设计知识之间的差别，如表6-1所示。

创意知识与工程设计知识的比较 表6-1

| 比较项目 | 创意知识 | 工程设计知识 |
|---|---|---|
| 研究目标 | 以用户为中心，全面满足用户生理、心理、社会需求，推进概念设计创新 | 通过有关设计、制造的理论、方法和技术，提高产品性能，降低生产成本，增强新产品技术开发能力 |
| 研究对象 | 面向"人"与"物"、"物质同精神"的知识领域 | 面向产品设计、制造系统的知识领域，集中在产品功能、结构和行为 |

| 比较项目 | 创意知识 | 工程设计知识 |
|---|---|---|
| 研究方法 | 知识工程同设计研究、认知计算、用户及文化研究相结合 | 知识工程同 CIMS、并行设计、敏捷设计、虚拟设计理论相结合 |
| 具体内容 | 面向产品形态语义、人机、交互界面、概念设计、绿色设计、设计策略、设计文化等的知识获取、表达、演化、组织和检索 | 面向产品需求分析、功能优化、构造模块、部件装配、制造工艺以及过程管理等的知识获取、表达、演化、组织和检索 |

### 6.1.4 设计知识的动态属性

设计是状态性活动。所谓状态性活动是指设计师在观察、解释自身设计行为和方案后，在特定的环境下产生新的设计决策和设计活动。设计方案无法准确预设，即使在相同的设计要求下，由于背景条件和设计师的关系，形成的设计方案也大相径庭。可见，设计过程存在众多不确定因素，它是创意知识大量产生的重要来源。

因此，产品设计知识可以分为静态和动态两种空间状态。静态产品设计知识是指相对稳定的理论知识，其特征表现为设计问题定义完善，具有明确的目标和相应的方案。动态产品设计知识是状态性设计行为中产生的新知识，其特征表现为新的关联和规则，具有较高的创新价值，是知识空间的扩张。而整个设计知识空间在静态、动态两者的相互转化和重组过程中逐步完善，如图 6-1 所示。

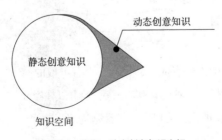

动态创意知识

静态创意知识

知识空间

图 6-1　静态、动态创意知识空间

### 6.1.5 产品设计案例

案例被看作是问题求解状态以及求解策略，包含问题初始状态、问题目标状态和求解策略。产品设计案例是设计师根据设计要求，利用经验、技巧和知识，生成方案的过程和结果的总结和记录。利用案例进行设计知识的管理优势在于：

1）案例是存储显性和隐性设计知识的有效机制。设计是不良定义问题，每个设计问题都具有独特性，没有固定的规则。在不良定义结构中，具体案例是存储、传播无法用语言准确描述的隐性知识有效方式，如图 6-2 所示。

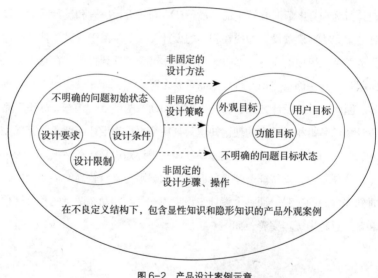

图 6-2　产品设计案例示意

2）案例库中不仅有成功的设计，也有失败的例子。通过比较，可以支持设计师进行决策，引导设计新手学习以往经验。

3）信息丰富的案例可以帮助设计师理解当前问题，不必从头开始，将有效提升设计效率。

## 6.2 基于问题与方案共进模型的知识获取方法

在工业设计领域，为获取设计过程中的动态知识，提出一种基于问题与方案共进模型转化信息的方法。面向概念设计案例，通过口语报告采集过程信息。通过识别知识源，基于已有概念体系定义高价值信息。面向不良定义的设计问题，通过划分问题空间和方案空间，形成了用于描述创新过程的问题方案共进模型，并构建设计要求与方案本体的基本框架。利用该模型划定设计过程中的重要节点，面向节点调用本体，并标示本体之间的关系，进而捕捉工业设计知识，采用框架层级结构输出。

### 6.2.1 设计知识的获取

1）设计信息的采集

从信息中提取知识，是向设计规则、方法以及系统理论转化的前提。本书的信息来源取材于面向过程的设计案例，即设计任务过程中集合的各种信息，包含问题初始状态、问题目标状态和求解策略。完整的案例是存储显性和隐性设计知识的有效机制，也是比较获取成功、失败设计方案因素的重要手段。本书采取草案分析（Protocol analysis），又称口语报告的方法，获取反映个体设计师思维的言语数据。

2）知识源的识别

案例包含的信息众多，不是所有的信息都具有获取价值。通过对设计知识作用结果进行初步判断，能够识别是否存在有效用价值的知识需要进一步地挖掘。主要包括以下两种方法：

（1）通过比较最终方案同预想结果，来判别知识源。新知识如果对设计活动发生了作用，导致最初预想结果和最终产生的方案存在差异，由此可以判断知识源的存在。

定义：设计知识 $K_x$ 产生方案 $S$，$S'$ 为预设结果范围，$K_n$ 为新设计知识

$$IF \ (K_x \rightarrow S) \ \land \ (S \not\subset S')$$
$$THEN \ (K_x \subset K_n)$$

（2）通过比较相同设计问题产生的方案，来判别知识源。针对同一个设计问题，由于设定了不同的目标和解决方法，常生成不同的方案。追溯产生差异的原因，有可能发现新知识的来源。

定义：$Q$ 为设计问题，$S_m$、$S_n$ 为设计方案，$K_n$ 为新设计知识

$$IF \ (Q \rightarrow S_m) \ \land \ (Q \rightarrow S_n) \ \land \ (S_m \neq S_n)$$
$$THEN \ \{Compare \ (S_m, \ S_n) \rightarrow K_x\}$$
$$THEN \ (K_x \subset K_n)$$

3）获取信息向知识的转化

在初步判断信息获取价值后，将信息转化为知识。转化知识的过程可以看作预设概念对获取信息的一种定义，即在原有理论知识的基础上，采用概念、参数描述设计活动和对象的特征。本体是面向内容的概念体系，能够以一种清晰的方式将信息分解为一组概念和它们之间的关系。这里基于本体对信息进行定义并输出知识，建立工业设计知识主题。工业设计知识获取过程如图 6-3 所示，可以表示如下：

定义：$O$ 为本体体系，$I$ 为案例中获取的信息，$K_n$ 为新设计知识，信息向知识的转化表示为：

$$Define \ (O, \ I) \rightarrow K_n$$

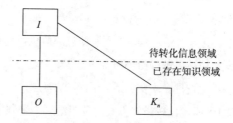

图 6-3 工业设计
知识的获取过程

4）设计知识的本体输出

本体具有树状层级结构，分为类、子类、槽、侧面以及实例等级。根据

知识主题每一等级向下分解,下一等级都是对上级内容的详细解释。复杂知识主题由多个本体构成,形成网状的关联结构。采用本体将设计知识输出的优势集中在以下两个方面:

(1)采用本体有利于领域知识的规范化表达。本体术语具有公认明确的含义,经过本体转化的领域知识具有一致性和确定性,便于共享和重用。

(2)采用本体有利于知识内容的挖掘。一方面,本体将获取的信息逐层分解,能够说明知识的构成要素;另一方面,本体可以定义要素之间的关系,形成相互制约、维系的语义场,便于知识的推理。

在内容上,获取的设计知识属于下层附属概念,即在特定情境下对设计对象细微特征的描述与设想,它们是上层要领性概念的深入和演化。在形式上,获取的设计知识采用框架的层级形式输出。框架结构顶层为固定的知识对象,下层逐层分解基于本体表达对象各个方面属性,如图6-4。

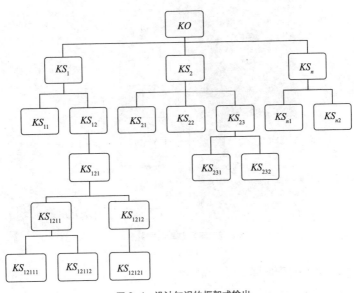

图6-4 设计知识的框架式输出

### 6.2.2 问题方案共进模型

#### 1）问题方案共进模型

设计面临不良定义问题（ill-defined problem），设计活动是状态性行为（situated action）。多种状态构成了求解的范围空间，可划分为问题空间和方案空间。在认知层面，设计被描述为定义设计问题同产生方案在各自空间中平行发展，相互促进，逐步完善的过程。设计问题提出目标，驱动产生设计方案，根据生成的设计方案提出反馈信息，不断修正和深化设计问题，直至产生令人满意的方案。因此，创新不是由问题向方案的一种跳跃性突破，而是一个逐步探索发展的结果，如图6-5所示。

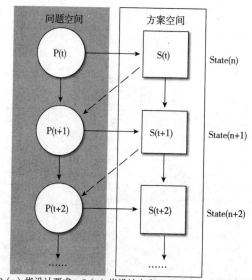

P（t）指设计要求，S（t）指设计方案，State（n）指设计状态

图6-5 问题方案共进模型

#### 2）基于共进模型知识转化优势

问题方案共进模型应用于心理学、人工智能、智能设计领域。该模

型在本书主要用于设计信息的初步分类，其知识转化优势在于：

（1）该模型有助于创新性设计知识的发现。设计活动纷繁芜杂，创新手段变化多样，设计经验丰富多彩。共进模型在认知层面简洁地概括了设计活动特征，提供了在较小抽象粒度下进行信息转化的方法。

（2）该模型有助于隐性知识的显性。由于隐性认知是一个从细节附带知觉向焦点知觉转向的过程，获取背景信息是否全面直接地影响到隐性知识的显性转化。共进模型面向个体经验，全面展现信息类别和对应关系，有利于知识的衍生。

3）基于共进模型知识转化的步骤

在以上设计知识获取方法指导下，基于共进模型进行工业设计知识转化的步骤如下：

（1）执行工业设计任务，利用口语报告的方法收集各类信息，形成一个设计案例。

（2）对案例进行初步分析，识别其中是否存在具有价值的知识源。

（3）构建设计要求与设计方案本体，见 6.4。

（4）利用问题方案共进模型，将设计过程分段，划定设计状态，即重要节点。

（5）针对重要节点，调用相应本体，并标示本体之间的关联，由上而下定义信息，获取设计知识。

4）基于共进模型的节点划分与转化

由问题方案共进模型发现，设计是一个逐步演化的过程。因此，设计过程可以分成不同状态。通过判断状态的转移，即概念草图的对象变化，完成状态的划分，这里称为节点。多种多样的设计活动可以简化为若干彼此关联的重要节点，每一个节点由设定要求和绘制草图方案两类活动组成。

因此，通过本体定义设计要求、设计方案、两者之间的关系以及节点之间的关系，产生对象性和程序性工业设计知识。这里主要包括五个方面，用以下表达式描述，如图 6-6 所示。

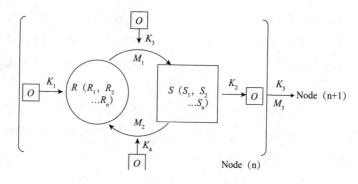

图 6-6　基于共进模型的信息转化

定义：节点 Node（n）为设计过程中的重要状态，$R$ 为 Node（n）设计要求集合，$S$ 为 Node（n）设计方案集合，$M_1$、$M_2$ 为 $R$、$S$ 之间的映射，$M_3$ 为 Node（n）与 Node（n+1）之间的映射，$O$ 为相关本体，$K_1$、$K_2$、$K_3$、$K_4$、$K_5$ 为产生的工业设计知识。

$$Define（O，R）\rightarrow K_1$$
$$Define（O，S）\rightarrow K_2$$
$$Define（O，M_1）\rightarrow K_3$$
$$Define（O，M_2）\rightarrow K_4$$
$$Define（O，M_3）\rightarrow K_5$$

其中，$K_1$、$K_2$ 来源于对于设计要求与方案本身的定义，而 $K_3$、$K_4$、$K_5$ 来源于对设计要求与方案之间关联的定义。

### 6.2.3 知识本体的构建

1）本体构建的步骤

构建知识本体是获取知识的前提，大致分为以下五个步骤：

（1）划定范畴。根据工业设计活动，特别是概念设计过程所涉及操作性和对象性领域，划定知识范围，列举重要的术语概念。

（2）修订概念。由于工业设计领域广泛，因此需要设计专家参与，建立领域内共同认可的术语概念体系，并对其进行维护。

（3）描述本体。利用框架结构将本体形式化。一方面，通过分类、划归层次的方法，构建概念类、子类、槽、侧面以及实例等级结构；另一方面，建立概念之间的关系。

（4）评价本体。对建立的本体进行评价和修整，保障本体术语无歧义、逻辑一致，并可扩展。

（5）适应案例。由于设计案例千差万别，通过本体操作，标示本体之间的关系，达到本体适应特定情境，精确描述对象的目标。

2）设计要求与设计方案本体

设计要求是指待解决问题所包含的内容，预想设计对象应具有的属性，是构建设计问题的重要步骤。通过罗列活动中的多重目标，设计要求本体规划整个设计活动的方向，促成设计方案的生成。草图是一种具有动态性、多义性、松散性和高度集成性的视觉符号系统，是设计方案的载体。基于设计方案本体可以说明设计对象的色彩、材质、形式风格、整体感受，表达设计师的构思，展现多样化设计方案。设计要求与方案领域本体的总体框架，如图6-7所示。这里采用 protégé 完善本体基本框架。

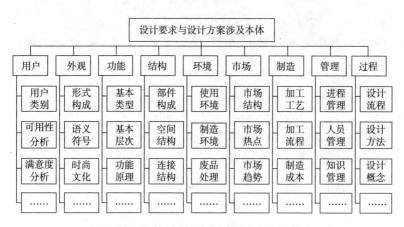

图6-7　设计要求与设计方案相关本体基本框架

在常用语义联系的基础上，根据工业设计知识领域具体情景，进一步定义本体之间关系，如表6-2。

本体关系定义 表6-2

| 关系 | 定义 |
| --- | --- |
| 下属关系 | A是B的一种，即A是B的子概念，B是A的父概念 |
| 拥有关系 | A拥有B，包括有功能、有材料、有色彩、有结构、有细节等 |
| 交互关系 | A与B之间存在关联并互动，即对A的活动B做出相应的反应 |
| 因果关系 | 在过程中，A是产生B的原因，而B是A产生的结果 |
| 矛盾关系 | A与B不能同时达到目标，A与B在最终目标中存在妥协 |
| 协同关系 | A与B同时达到目标，A与B是完成目标的必要因素 |
| 转化关系 | 在过程中，由A发展到B，B中继承了A中的部分要素 |
| 突变关系 | 在过程中，由A发展到B，B同A不存在相同要素 |
| 组成关系 | A是由B等其他一些事物构成的，即有B是A事物的组成部分之一 |
| 时空关系 | A与B之间存在时间先后次序关系，或A与B之间存在位置方面关系 |

*A、B是本体元素

3）知识本体的操作

为了适应具体案例，通过知识本体操作和标示本体，有效地获取工业设计知识。以下主要对本体操作进行规范：

（1）本体分裂。依照结构将本体向下层分解，产生新的具有更小粒度的节点，并继承上一层本体的特征。$KN$为原始节点，$KN_i$、$KN_j$为分裂的新节点。分裂操作表示为：

$$decompose\ (KN) \rightarrow \{KN_i,\ KN_j\}$$

（2）本体合并。将两个或多个本体向上层聚合，产生新的节点具有更大的粒度，并综合了下一层本体相关的特征。$KN_i$、$KN_j$为原始节点，$KN$为合并的新节点，合并操作表示为：

$$aggregate\ (KN_i,\ KN_j) \rightarrow \{KN\}$$

（3）本体插入。为准确描述对象，调用相关的本体或子本体。$KN_i$

为相关本体，插入操作表示为：

$$insert\left(KN_i\right)$$

（4）本体删减。为准确描述对象，将无关的本体或子本体修剪。$KN_i$ 为无关本体，删减操作表示为：

$$trim\left(KN_i\right)$$

4）本体关联的操作

在设计要求与方案的本体框架式知识输出后，通过建立两者之间多方面的关联，以便知识进一步地挖掘、解释。

（1）节点中设计要求或设计方案自身以框架式表达，层级结构中槽与槽之间的关联可进一步定义。

（2）节点中设计要求与设计方案之间的关联定义。除了框架顶端的知识对象关联外，两个知识空间不同层次之间的槽也可以建立联系。

（3）整个设计过程中，两个知识空间之间的要求与方案本体知识层级之间建立关联，如图6-8。

|  | $S_1$ | $S_2$ | $S_3$ | $S_4$ | ……… |
|---|---|---|---|---|---|
| $R_1$ |  | $K_{12}$ |  |  |  |
| $R_2$ |  |  | $K_{23}$ |  |  |
| $R_3$ |  |  |  |  |  |
| $R_4$ |  | $K_{42}$ |  |  | $K_{4n}$ |
| … |  |  |  | $K_{n4}$ |  |

图6-8　建立面向过程的设计要求与方案的关联

## 6.2.4 应用案例

建立面向工业设计过程的知识管理系统（KAMS），对前述的知识获取方法进行验证。移动存储设备，例如U盘，为典型的电子类产品，内部主要由相对稳定的PCB电路板构成，外观设计在新产品开发中占有重要地位。不同设计师根据自身的经验，能够产生多种多样的方案。以往由于受到开发流程反复、知识管理意识淡薄的影响，工业设计知识的收集常被忽略，导致创意资源的流失。KAMS 系统配合知识工程师工作，可以弥补该方面的不足，获取工业设计知识，供研发团队共享与重用。

1）设计知识获取系统结构

KAMS 系统由六个模块组成，如图 6-9。

（1）过程信息采集模块，知识工程师利用口语报告方法收集设计过程中的信息。

（2）本体构建模块，基于 protégé 建立设计要求和设计方案相关本体。

（3）设计知识转化模块，知识工程师同系统交互，调用本体转化获取信息。

（4）设计知识库，将获取设计知识以 XML 形式存储。

（5）设计知识查询模块，设计师利用关键词或本体查询知识。

（6）设计知识评价模块，设计师对获取知识的创新性、一致性、完整性进行评价和补充。以下着重对设计过程中信息采集、设计知识转化两个环节进行介绍。

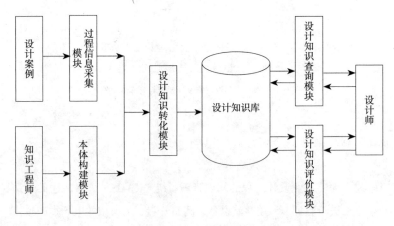

图 6-9 KAMS 系统的结构

2）设计信息的采集

设计信息采集活动由知识工程师组织协调。设计师在接受移动存储设备设计任务、收集相关信息后，进入试验场地。试验场地设有两架摄像机，分别记录设计师活动与草图绘制内容，如图6-10。

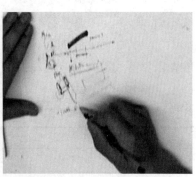

图6-10　设计信息的采集

2小时内，设计师要求在完成概念设计的同时，尽可能多地说出当时的想法。作为补充，在事后观看视频时，设计师需充分解释活动目的并作评价，知识工程师就设计内容进行提问。信息采集后，进行初步分类：首先，根据草图页数划分信息，同一页草图的信息划分在一起；其次，根据草图绘制对象的转移划分节点，将言语信息对应；最后，初步标记设计要求和方案。实验中，设计师共绘制了6张草图，产生了2个较为完整的方案，收集的部分信息如表6-3所示。

3）设计知识的转化

设计知识的转化由知识工程师同KAMS系统交互完成，如图6-11。草图第2张节点1是设计师整顿思路、规划方向，是产生最终设计概念的重要阶段。知识工程师选择该节点进行深入挖掘。

首先，知识工程师根据自身经验，设立"概念生成"知识主题进行完善。KAMS系统支持拖曳操作。知识工程师从控件中选择"设计过程"、"设计方法"、"设计概念"、"描述方法"等多个本体排布在操作界面上，初步形成知识主题框架。其次，对本体进行操作，增加或删减子本体，并标示本体之间的关系，使知识主题充分表达案例情景。例如，将"设计概念"本体进行分裂操作，分解为"外观"、"用户"、"功能"、"文化"等子本体，将"设计过程"与"概念生成"之间设置为拥有关系等。再次，以框架形式将"概念生成"知识主题进行表达，建立案例中对应信息关联。将草图第 2 张节点 1 中的言语和草图信息放入该知识主题的实例中，以便信息回溯。最后，设计师重用设计知识，对知识输出结果评价，完善知识内容。获取设计知识的输出结果，如图 6–12。

采集的部分设计信息　　　　　　　　表6-3

| 言语信息 | 草图信息 |
| --- | --- |
| ①……我开始随便画一画……<br>②……首先要把里面的芯片容纳进去 Ⓡ，所以先把芯片画出来……<br>（事后评价一：开始是比较笼统的想法，看看有没有灵感……因为首先想到的是 U 盘，所以把里面的结构画出来……）<br>③现在的想法是功能上也许没有什么突破，所以想在形式上突破，U 盘是有盖子的……我想设计成打开果实的产品样式 Ⓢ……但是也许放不到笔记本电脑上，因为笔记本很薄，但应该不限制这么多！慢慢想……<br>④U 盘是由两部分构成：一部分有芯片，另一部分没有，是盖。我想可不可以两个 U 盘互为盖子……要不中心对称，要不轴对称 Ⓡ……形式上要不要变化，是几何形状还是圆形……还是在刚才的基础上改进……<br>（事后评价二：……有时候遇到磁盘空间不够，这样就可以用两个 U 盘……比方说遇到很多文件汇总，有比方说开会的时候，这样就不必等着依次用，方便一点……最后这个方案不是非常好，有点勉强……）<br>⑤……是上下为盖子，还是左右为盖子……一个太极的形状 Ⓢ……也许……其实也不是很满意！ | 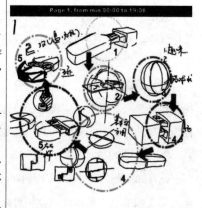 |

| 言语信息 | 草图信息 |
|---|---|
| ①……刚刚的泛泛而想，容易走进死胡同，所以把可能涉及的地方都写了出来，比方说"趣味了""时尚美观了"，还是说"方便携带了""功能和附加功能了""特定人群了"，又或是说"趋势了"……这样应说是比较概念化的设计®……<br>（事后评价一：应该系统地分析，我应该从什么方面入手……）<br>②我大概分了6个方面，看6个方面上是否有空间，再深入做设计……造型上有趣，市场上很多，已经做烂了……使用方式上的趣味……这个方面也许做得比较少……美观其实就是造型，和第一条趣味差不多……方便携带也有两个方向，可以像银行卡一样携带，放到钱包里⑤；可以和其他的功能结合。然后，是特定人群，老人不经常使用。<br>③排除没有希望的方向，比如纯走造型的路线……第一个是使用方式比较有趣®，第二个是功能附加®……把一个移动存储设备同投影仪结合在一起⑤，这样不用电脑就能看到里面的内容既要方便抓取，又要方便携带⑤……<br>（事后评价2：功能叠加，我认为是可行的，有类似这样的设计……我想在用U盘的时候，不知道里面的内容是常见的事……） |  |

*①代表划分的节点，®代表设计要求，⑤代表设计方案

    实验中的"概念生成"知识主题就设计过程早期概念生成活动的方法、内容和影响因素进行阐述。一方面，该知识主题可以帮助设计师在接手设计任务时，迅速进入角色，建立概念，避免自身经验的局限。另一方面，知识主题为形成复杂的语义网、进行知识推理奠定基础。

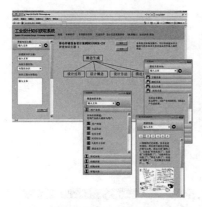 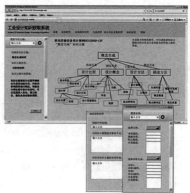

图 6-11  调用本体进行设计对象描述的系统界面

图 6-12  获取设计知识的输出界面

## 6.2.5 对案例的讨论

案例实验说明，该设计知识的获取方法，同时受到设计师与知识工程师两方面的影响。经验丰富的设计师在完成设计任务时，运用并产生的设计知识丰富，知识工程师获取高价值知识的可能性比较大，反之亦然。而知识工程师由于领域的熟悉程度不同，常会产生不同的知识主题。此外，由粒度小的信息向粒度高的知识转化过程中，知识工程师根据具体情景产生的知识并不完备，还需要进行完善和修正。

## 6.2.6 知识获取总结

为了获取设计过程中的工业设计知识，提出一种通过划分设计要求与方案，建立设计知识本体，进行知识转化的方法。本书内容总结为以下两点：

1）工业设计知识的获取，建立在预设概念对未知信息定义的基础上。

2）面向不良定义的设计问题，设计过程可以概括为设计要求同设计方案相互促进、共同演化的活动。基于以上模型，可以将过程中的信息结构化，获取知识。

目前，知识转化方法自动化程度低，如何在保障获取知识效用的前提下，进行半自动设计知识转化，是下一步工作的重点。

# 6.3 产品外观设计知识管理方法

为了在工业设计领域提升设计方案的创新性和生成效率，提出了基于产品外观案例的显性和隐性设计知识管理方法。该方法根据产品外观设计知识和情景的特征，建立了知识管理的目标和流程，通过引入外观设计知识本体框架和算法机制，支持设计师搜索相关案例，进行知识重用。

## 6.3.1 外观设计知识管理

### 1）设计知识管理目标

设计知识管理的目标由设计师创造过程中的需求所决定，即知识情景决定知识管理的目标。知识情景是知识产生和应用的具体背景，是人们创造和应用知识过程中复杂思维的反映。在工业设计领域，通过对设计知识情景的分析，为知识共享和重用奠定基础。这里主要讨论三个方面的知识情境：设计过程安排情境、外观设计情境以及设计创新情境。

设计过程安排情境主要指：设计主管在接到设计任务后需要根据任务的特性和组织内现有情况，组织设计小组进行设计活动。如前文对设计项目管理的讨论，在设计前期进行充分的准备，调动各种设计资源，以保障后期活动有序进行。

外观设计情境被概括为两个阶段：第一个阶段是发展图像信息阶段，是设计师酝酿方案，搜集图像，丰富视觉，激发形象思维的过程；第二个阶段是发展具体形态阶段，是设计师进行草图方案生成的过程，是逐步确定方案设计特征和属性，进行细节深化推敲的过程。

设计创新情境主要指促发创新的条件和因素。创新被看作由相关领域知识、技巧和任务动机三大元素构成；它是对存在"结构"的探索和重新生成；不同"元素"之间的联系可以拓展思维，引发创新。因此，要促进创新，产生高质量的设计概念，就需要为设计师提供丰富的知识，改变设计师惯有的关联模式。

通过以上知识情景分析可知，设计知识管理的目标包括以下四个方面：

（1）设计知识管理需要支持设计师搜集图像信息阶段，提供相似案例，激发设计灵感。

（2）设计知识管理需要支持产生外观形态阶段，可以借鉴以往设计知识深化方案。

（3）设计知识管理需要支持设计师创新，为设计思维拓展联系提供帮助。

（4）管理需要支持新手学习显性和隐性设计知识，开展设计工作。

2）设计知识管理流程

本书引入本体概念和人工智能案例推理技术建立设计知识管理流程。

本体最初是哲学领域的概念，而后被引入计算机科学人工智能领域。Swartout 将本体定义为："本体是一个为描述某个领域而按继承关系组织起来作为一个知识库的骨架的一系列术语"。Borst 认为本体是共享概念模型形式化的规范说明。Fensel 对这个定义进行分析后认为本体概念包括四个主要方面：

（1）概念化（Conceptualization）：客观世界的现象的抽象模型。

（2）明确（Explicit）：概念及它们之间联系都被精确定义。

（3）形式化（Formal）：精确的数学公式描述。

（4）共享（Share）：使用者共同认可本体中反映的知识。

案例推理是人工智能领域广泛应用的一种技术，其核心思想就是利用以往的经验、状态、知识来解决现有的问题。据此将设计知识管理过程划分为三个阶段：

（1）产品设计案例概念化阶段。通过建立产品外观设计知识本体框架，抽取、分解产品外观案例中的显性、隐性设计知识。经过标记的产品外观设计案例，就可以被检索使用。

（2）产品案例的检索阶段。案例检索阶段既可以根据关键词确定特定设计知识，也可以通过算法搜索相似案例。

（3）设计知识重用阶段。设计师对显性、隐性设计知识进行重用，生成新的设计方案，存储到案例库中，供再次使用，如图6–13。

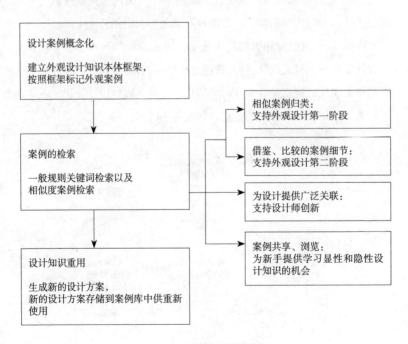

图6-13　设计知识管理流程

## 6.3.2 设计案例概念与形式化

1）案例分类框架

分类是建立本体框架的方法之一。作为认识论、技术哲学的下属分支内容，分类是人类认识事物的一般方法，其作用包括：

（1）按照一定规则分类，可以将案例中部分隐性设计知识转化为显性，使外观具有更为普遍的表示形式。

（2）分类可以抽取、分解设计属性，为设计师提供概念、关系可视化的结构，方便检索。

（3）在使用知识前，设计师必须了解知识的作用。所以，分类后的知识结构不仅可以帮助设计师将注意力集中在外观设计实质上，而且帮助新手发现"什么是他们最需要了解的信息。"

（4）分类可以建立外观设计知识的本体语义网，克服搜索引擎不理解设计师询问内容的缺点，帮助计算机理解自然语言。

根据 Akin 对设计知识的基本分类，产品设计知识本体框架包括：过程性知识——有关设计过程，管理过程特征的信息；对象设计知识——产品相关属性，特别是有关外观的信息；以及实现性设计知识——实现产品的一般加工制造方面的信息，如图6-14。

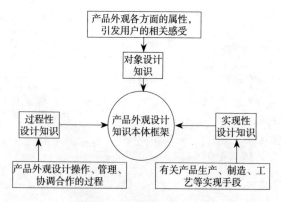

图6-14　产品设计知识本体框架

2）设计过程概念化

过程设计知识属于非物质性规划，可以通过设计过程模型将开发活动的流程概念化。利用模型明确实际设计过程中各个阶段的活动，用文档、音频、视频文件将整个设计过程记录。这里主要采用一般通用设计过程模型组织相关材料和信息。通过明确影响设计过程安排的重要因素，可以帮助设计师建立过程安排策略，达到管理最优。由于本书重点讨论的是设计前期过程，所以这里集中对前期过程中的影响因素进行说明，如表6-4。在设计过程知识管理中，通过检索这些影响因素关键词，达到推荐设计师相似案例的目的。

设计前期过程影响因素　　　　　　　　　　表6-4

| 缩写 | 影响因素 | 定义 |
|------|----------|------|
| CT | 公司类型 | 公司的基本情况。例如：公司从事行业基本状况和特征，公司在市场、生产、制造和供应商等方面的基本情况等 |
| RS | 研发情况 | 公司研发能力和情况。例如：以往新产品开发情况以及反馈，对用户需求、技术发展、市场竞争方面研发的基本情况等 |
| NP | 新产品开发情况 | 新产品开发类型。例如：市场引导、用户引导、技术引导类型产品，外观、行为和反思设计类型，全新、改良、平台、个性项目开发类型等 |
| CS | 双方合作情况 | 开发双方合作交流情况。例如：合作机制、经历、成熟度、合约法律形式等 |
| DS | 设计公司情况 | 设计公司的基本情况。例如：设计师情况、设计团队情况、设计开发经验、产品设计专长等 |

3）设计对象概念化

设计对象概念化这里主要对产品外观概念化进行讨论。产品外观是设计师同用户信息交流的媒介，利用数学家香农建立的一般信息传播模型可以描述这个过程。在信息系统中，设计师是信息源，产品是传递者，市场和社会环境是信道，用户的各种感官是接受者，用户情感反应、行动是目标。一方面，设计师通过控制形态、材料、色彩和细节，将美学、功能、使用方式、价值等意义赋予产品。另一方面，用户通过感受外观和亲身体验产品来获取相关信息，根据自身教育、个性和生活经验，形成判断并进一步地购买活动。作为传播意义的媒介，产品外观经历了设计师"编码"和用户"解码"的过程，如图 6-15。

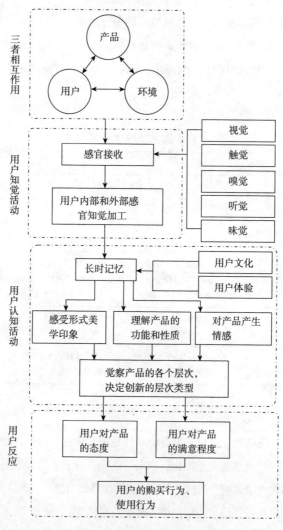

图 6-15　用户认知产品信息加工过程模型

对象设计知识依照用户认知产品外观的过程进行划分。用户"解码"过程中，对外观中不同性质的信息进行加工，很多学者 Crozier，Cupchik，Lewalski，Baxter 和 Norman 将用户认知产品的过程归纳为三个阶段：

（1）美学印象：产品形式对用户感官的直接刺激。产品外观的美学形式吸引用户，通过形态、色彩、材质的变化引起用户的注意。

（2）语意判断：产品通过自身形态来表现其用途和使用方式。用户通过外观推测其操作方式，通过使用产品进一步理解其功用。

（3）符号联系：产品及其服务对用户自我价值和情感联系的体现。产品成为蕴含丰富意义的符号，可以触发用户高层次的情感心理活动。

据此过程，对象设计知识可以分为功能、形式、使用方式和文化时尚四个层次的设计知识。对象设计知识是设计师知识重用的重要内容，依据用户认知过程的划分方法为运用设计知识实现以用户为中心的产品开发奠定基础，如表 6-5。

对象设计知识类型　　　　　　　　　　表6-5

| 缩写 | 类别 | 定义 | 层次 |
|------|------|------|------|
| PK | 产品类别 | 例如：家用电器、消费电子类产品、家具、交通工具等 | 功能层次 |
| PF | 产品功能 | 例如：显示、运输、交流、加热、降温、旋转、摆动等 | |
| PS | 部件结构 | 产品的组成结构。例如：基本构成、部件关系、部件布局等 | 形式层次 |
| SS | 空间结构 | 外观元素的空间布局。例如：水平、垂直、倾斜、线性等 | |
| FS | 形态结构 | 外观元素的基本形态。例如：有机体、几何体、不规则体等 | |
| MT | 材料肌理 | 外观材料表面视觉属性。例如：金属、木质、玻璃、塑料等 | |
| CC | 色彩构成 | 色相、明度、纯度及色彩的对比调和 | |
| DD | 细节处理 | 产品形态的细节处理。例如：边缘、弧线弧度、倒角大小等 | |

| 缩写 | 类别 | 定义 | 层次 |
|------|------|------|------|
| EE | 人机工程 | 产品可用性因素。例如：人体尺寸、活动范围、人机交互模式等 | 使用方式层次 |
| SC | 语义符号 | 产品语义符号，帮助人机交流。例如：秉承方式、限制方式和匹配方式等视觉线索 | |
| ST | 社会风格 | 外观呈现地区特征。例如：地域、国内、国际、欧洲等 | 文化时尚层次 |
| HS | 历史风格 | 外观呈现历史特征。例如：现代主义、后现代主义、有机主义、功能主义，波普主义等 | |
| BS | 品牌风格 | 品牌人群定位和精神象征。例如：品牌特征、用户群体、品牌价值、品牌影响力等 | |
| SI | 具体意象 | 外观的意象风格感受。例如：理性的、正式的、可控的等 | |

### 4）设计实现概念化

实现性设计知识依照产品制造工艺途径进行划分，包括加工工艺、制造工艺、表面处理、产品组装、安全卫生标准、运输包装等内容。这类知识可以帮助设计师学习如何转化设计，达到生产制造的要求。这类知识主要涉及机械制造、材料等其他学科领域，这里只对产品的加工工艺和表面处理进行简单归纳，如表6-6。

设计实现知识类型　　　　　　　　　表6-6

| 缩写 | 类别 | 定义 |
|------|------|------|
| MC | 加工工艺 | 注塑加工、吹塑加工、吸塑加工、金属加工、机械加工、模具加工、玻璃加工、木材加工等 |
| SD | 表面处理 | 塑料表面处理：真空镀膜、喷漆、电镀（镀铬、金、镍等）；金属表面处理：机械打磨、电镀、化学处理、化学转化膜、表面热处理、喷涂等 |

## 6.3.3 案例形式化与检索

通过对设计知识分类，将设计案例概念化，建立设计知识本体框架。

通过比较查询信息和框架的相似程度，案例库可以向查询者推荐最为相似的设计案例。

定义 1　设计知识本体框架（KF）：按照类型、层次、具体内容，对产品设计知识空间进行划分，形成知识本体框架，如表 6-4、表 6-5、表 6-6。它们可以标识案例，细致地描述和规范产品外观。例如：定位于年轻男性、低端、国外知名品牌、具有时尚感、使用方便、直板、塑料材质、对称布局的一类手机产品，在外观设计知识框架中就可以明确地表示。经过结构化知识框架，适合于表示产品外观案例中规则的概念，具有可视性强、易于知识维护和扩展的特点。

使用三元组表示 KF 为：

$$KF = (PK, OK, RK)$$

定义 2　知识槽（KS）：外观设计知识框架中具体内容。每个知识槽对应知识框架中的最小、最基本的内容，相同的知识框架具有相同的知识槽。

设 $e$ 为 KS 的值，$m$ 为 KF 中 KS 的个数。则

$$KF = (KS_1, KS_2, \cdots KS_m) = (e_1, e_2, \cdots, e_m)$$

每一个外观设计案例通过 KF 形式化，赋予 KS 值，就可以组织到案例库中了。一般的检索方法通过关键词定位所需的设计知识。例如：设计师想借鉴某款手机相关的工艺制造信息，来增加现有设计细节变化。通过搜索手机型号和品牌的关键词，在案例库中就可以获得该手机的详细资料。

这里主要讨论相似案例检索规则。设计师外观设计的第一阶段和进行创新准备时，都需要系统提供多个相似外观案例进行参考。为此，定义两个值 $F_k$ 相似度、$D_k$ 不相似度来控制相似范围。相似案例一方面可以提供较为准确的信息，避免冗杂的信息分散设计师的精力；另一方面可以在一定范围内提供相关度小的信息，为设计师建立广泛联系、拓展思路提供帮助。以往研究中一般采用最邻近算法，寻找相似案例。这种算法需要设定案例的特征值。但在 KF 中，很多 KS 的特征无法用具体数值进行描述，只能用状态值进行标识。因此，通过比较 KF，匹配相似案例。

$N$：案例的个数

$X_1$, $X_2$, $\cdots$, $X_n$：系统中的案例

$KF_k$：案例 $X_k$ 外观设计知识框架，其中 $k=1$, $2$, $\cdots$, $N$

$m$：$KF$ 中 $KS$ 的个数

$KF_k=(e_1, e_2, \cdots, e_m)$：$KF_k$ 是案例 $X_k$ 外观设计知识本体框架值，其中，$k=1$, $2$, $\cdots$, $N$

$KF_0=(e_{01}, e_{02}, \cdots, e_{0m})$：$KF_0$ 是新的设计要求中外观设计知识本体框架值

$R=(r_1, r_2, \cdots r_m)$：$R$ 表示新的设计要求中每个框架里的值是否被覆盖。如果 $e_{0j}$ 被覆盖，则 $r_j=1$；否则 $r_j=0$

$n(R)$：$R$ 值中等于"1"的数量

令 $A=(a_1, a_2, \cdots, a_m)$，$B=(b_1, b_2, \cdots, b_m)$，$A$ 和 $B$ 是 $KF$，$a_j$ 和 $b_j$ 分别是框架 $A$ 和 $B$ 中 $KS_j$ 的值，以下定义 $A \cdot B$，$A \otimes B$，$A \oplus B$，$A$。

$A \cdot B=(c_1, c_2, \cdots, c_m)$，如果 $a_j=b_j$ 则 $c_j=1$，否则 $c_j=0$。

令 $A=(a_1, a_2, \cdots, a_m)$，$B=(b_1, b_2, \cdots, b_m)$ 为向量，$a_j$ 和 $b_j$ 分别是本体框架 $A$ 和 $B$ 中元素 $KS_j$ 的值，$a_j$ 和 $b_j \in \{0, 1\}$。

$A \otimes B=(c_1, c_2, \cdots, c_m)$，如果 $a_j=1$ 且 $b_j=1$ 则 $c_j=1$，否则 $c_j=0$。

$A \oplus B=(c_1, c_2, \cdots, c_m)$，如果 $a_j=0$ 且 $b_j=0$ 则 $c_j=0$，否则 $c_j=1$。

$A=(c_1, c_2, \cdots, c_m)$，如果 $a_j=0$ 则 $c_j=1$，否则 $a_j=1$，则 $c_j=0$。

利用以上的运算规则，对 $F_k$ 相似度、$D_k$ 不相似度进行定义。

定义 3　$F_k$ 相似度表示：$KF_k$ 中的 $KS$ 对 $KF_0$ 的覆盖程度。

$$F_k= \frac{n(KF_0 \cdot KF_k)}{m}$$

定义 4　$D_k$ 不相似度表示：$KF_k$ 中的 $KS$ 对 $KF_0$ 没有覆盖程度。

$$F_k= \frac{m-n(KF_0 \cdot KF_k)}{m}$$

根据具体需求，调整 $F_k$ 或 $D_k$ 的取值范围，可以控制搜索案例的范围，提供有效的信息。

### 6.3.4 设计知识管理系统原型

1）知识管理系统原型的构成

根据以上方法建立设计知识管理系统原型，查询案例，共享设计知识，提高方案的设计效率和质量。外观设计知识管理系统基于 Web 技术，由网络服务器端数据库、用户界面和检索规则构成，通过网络实现动态信息案例输入和设计知识的查询，设计知识管理系统的原型结构如图 6-16。

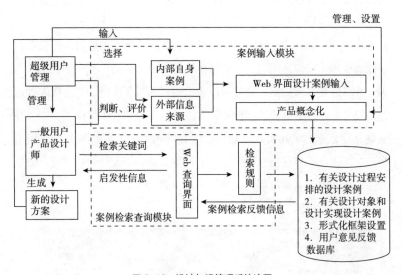

图 6-16　设计知识管理系统流程

数据库存储包括四个方面的内容：有关过程、对象和实现设计知识的案例，概念化框架设置，用户意见反馈。用户由两类构成：一般用户和超级用户。一般用户中有设计师，他们具有检索、浏览案例的权限，按照概念化的框架上传组织内部设计案例和外部设计信息的任务。超级用户是系统的管理和维护者，具有根据设计情境调整、设置概念化框架的权利。此外，他们还需要管理案例信息输入来源和一般用户的权限。用户界面提供用户登录、检索、评论和意见反馈的功能。检索采用一般通用关键词检索和相似案例检索规则。

2）管理系统中知识的获取

管理系统中设计知识的获取分为组织内部和外部。设计组织内部进行的设计项目案例是重要的智力资源。在完成设计项目的同时即产生了大量的设计知识，只要通过一定的概念化，设计组织就可以获得全面、细致、可供重用的设计知识。案例内容通过设计小组中的参与者上传，包括设计对象、实现知识，特别是设计过程知识——有关项目计划安排、人员安排、设计合同文档、草图方案、讨论记录、模型等信息。在设计知识管理系统中，有关设计过程知识的获取基本来源于公司内部案例。本书采用 MS-Project 2007 项目管理软件记录设计过程知识，开发项目中计划安排、资源使用以及过程追踪情况在 Projecct 中都一目了然。

外部信息来源广泛，设计组织成员可以通过互联网、展会等多种途径搜集产品图像，利用网络调查问卷方式咨询专家和设计师，将产品外观概念化，把对象和实现性知识输入到管理系统中，如图 6-17。由于产品信息复杂，有些信息内容缺失，特别是相关的设计过程安排、创新方法以及品牌策划等过程性设计知识难以获得。

图 6-17　对象与实现性设计知识输入界面

3）管理系统中知识的检索

管理系统中设计知识的检索主要包括对设计过程知识案例的检索和设计对象与实现性设计知识案例检索两类。

设计过程知识案例检索为用户提供过程案例以及案例中的相关资料。在知识管理系统中通过定义影响设计过程安排的因素，例如公司类型、以往开发情况、双方合作情况等，利用相似度获得推荐的项目案例，从而借鉴以往成功、失败的经验知识，指导完成设计项目的安排。例如，设计主管通过对新客户进行了解，选择大型办公家具类公司，业务以出口贸易为主，以往产品开发经验比较少为基本选项，管理系统根据基本选项建立知识框架，推荐相似案例，如图6-18。此外，用户可以通过案例中的资料开拓思路。例如通过回顾一次家具设计过程中的头脑风暴讨论会议可以帮助用户寻找新的设计灵感。

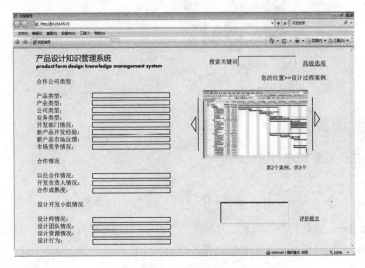

图6-18　搜索设计过程相似案例界面

设计对象与实现性设计知识案例检索为用户提供设计对象的相关资料。设计师酝酿方案，发展视觉信息时，使用知识管理系统搜寻相似的案例。例如，在新的手机设计要求中，设计师选择了直板外观形式、机身厚度轻薄、材质为 ABS 塑料、按键为规则分割的主要元素，限定相似度为 FK>0.5 系统查询到案例，如图 6-19。通过将具有相同特性的产品归纳为一类，可以帮助设计师迅速地了解设计趋势，找到所需要的信息，转化到新的设计情景中。

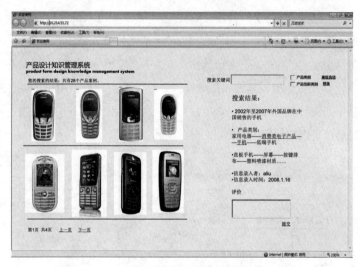

图 6-19　外观相似设计案例界面

### 6.3.5 知识管理方法总结

1）根据外观设计知识的特性，建立匹配知识情景的知识管理目的，通过基于案例的产品外观设计知识管理方法，可以达到支持设计师显性和隐性的外观设计知识重用和设计创新的目的。

2）知识管理流程分为三个阶段：通过外观设计知识本体框架将案例概念化；利用关键词和算法机制进行案例检索；设计知识重用和案例存储。

## 6.4 面向临时设计团队的知识组织管理

### 6.4.1 临时团队基本概念

临时团队被定义为一群技术人员围绕一个复杂任务在一定时期内一起工作，具有临时性、相互依赖性、目标明确性的特征。以外观、界面、功能、结构为核心的产品设计项目，一般以委托外部设计公司或企业内部职能部门两种形式进行。因此，临时设计团队由不同专业技能人员短时间、跨企业、跨部门组成，一般包括委托客户、项目经理、工业设计人员、工程技术人员乃至用户等各类成员。由于专业分工的细化与产业链的复杂性，临时设计团队不断有成员加入或者离开，因此需要成员快速建立信任，形成知识共享机制，紧密合作，推动项目进展。

团队认知是理解临时团队合作知识需求的关键概念之一。团队认知是集体信息加工模式，是成员在同他人及所处环境的互动过程中所形成的对特定问题的共有理解，是一个持续演化的能力系统，可产生超越个体认知能力叠加的创新。团队认知过程被划分为个体知识基础、团队知识分布、沟通与互动及认知涌现四个阶段。其中，处理团队集体知识共享与成员个体知识差异是团队合作需求的重要特征。

在同一任务目标下，团队共享知识是合作的基础。基于交互式记忆理论，群体信息分布在成员之中，团队通过了解成员专业特长，询问成员特定方面的信息，形成知识共享。一方面，随着合作的深入，团队认知在个体与群体学习、认知冲突与同构过程中，实现成员之间的信息获取、存储、传播和应用，构成了集体共享心理表征。另一方面，个体专业特长是合作的前提。团队成员具备与任务解决相关的各种异质性知识背景。成员专注于与自身专业相关的目标与问题，并与其他成员协调与衔接。

## 6.4.2 知识管理模型

知识管理模型是从系统、动态的角度说明时间、知识特征、环境等基本要素之间的关系，形成对知识流的控制。知识管理模型分为基于知识、工具、组织绩效三大类，对知识在个人、团队、组织中流转、相互影响、产生效果进行概括。

通过对临时设计团队的分析，提出知识管理模型，支持团队共识构建、多视角知识关联，加快知识流在成员之间传递，如图 6-20 所示。

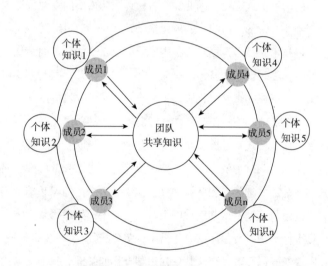

图 6-20 面向临时团队的知识管理模型

1）元级共享知识拓展，促进形成共识。一方面，元级共享知识为形成团队认知有效规约，提供原始结构。另一方面，团队成员可以进一步通过配置本体拓展元级知识，以一种规则相似的方式表达概念及其关系，转化成为适应当下的设计概念。

2）多视角知识组织，完善个体知识基础。在知识资源一定情况下，为成员提供差异化专业知识。成员通过视角切入口，快速进入其自身领域的同时，可以了解其他合作者关注的内容。

### 6.4.3 元级共享知识拓展

1) 元级知识基本概念

元级知识（元知识）是关于知识的知识，与元学习、元认知等概念类似，强调顶层一般知识结构，不仅描述如何运用知识，而且还可拓展形成新知识，如图 6-21 所示。元级共享层面对三类知识进行组织，分别从是什么、为什么、如何做三方面构建共识。

（1）设计要求元级知识，为统一构建设计目标与约束，详细定义设计对象奠定基础。

（2）设计原理元级知识，为明确设计的基本规则与关键假设，推动设计概念底层逻辑构建。

（3）设计过程元级知识，为协同推进任务，确立工作流奠定基础。

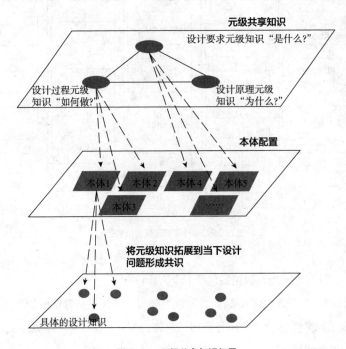

图 6-21　元级共享知识拓展

2）设计要求元级知识

设计要求是指待解决问题所包含的内容，预想设计对象应具有的属性，通过罗列活动中的多重目标，规划设计对象属性，不仅消除项目管理中的不确定性，而且是设计评价、项目合同的关键内容。设计要求元级知识 $R_e$，采用框架式知识表达 $R_e=(L_n，R_m)$，$L_n$ 是槽，$R_m$ 是 $L_n$ 之间的关系，$L_{nx}$ 是下一层级的槽。以工业设计为主导的产品项目中，设计要求主要围绕目标用户、外观、功能、结构、环境、市场、生产制造等环节展开，如图 6-22 所示。

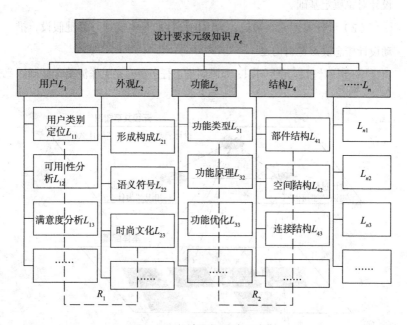

图 6-22　设计要求元级知识表达

设计要求元级知识拓展包括五个方面：

（1）槽分解为若干侧面，形成更为细致的属性。分解的侧面不仅继承了原有槽的特征，而且新增了具体内容。$L_n$ 为原始槽，$L_{ni}$，$L_{nj}$ 为分裂的新侧面，Decompose（$L_n$）$\rightarrow$ {$L_{ni}$，$L_{nj}$}。

（2）侧面合并形成更大粒度槽，简化设计对象属性，Aggregate（$L_{ni}$, $L_{nj}$）→$\{L_n\}$。

（3）槽节点的插入，增加对象属性，Insert（$L_n$）。

（4）槽节点的删除，简化对象属性，Trim（$L_n$）。

（5）槽与槽或侧面与侧面之间的关联拓展，明确其相互关系，Connect（$L_{ni}$, $L_{nj}$）。

3）设计原理元级知识

设计原理是对设计概念的关键假设与基本理念的构建，利用某个具体领域的基本规律、原则来处理设计问题的知识。设计原理通过构建与用户需求映射的原型解，形成设计概念的核心与底层逻辑。在集成创新的产品设计项目中，原理元级知识涉及的学科交叉跨度大，科学原理、工程原理、美学原理、市场原理、生理、心理等都在其范围内。

设计原理元级知识表达为：

$$K=\{PM,\ OP,\ RC,\ DC\},$$

式中：$PM$——设计问题；

$OP$——可能的具体解答（方案）；

$RC$——相关答案的领域依据、知识本体，说明原因；

$DC$——相关的具体设计案例。

通过丰富 $OP$ 备选具体解答方案与 $RC$ 原理层本体的组合，以及相关案例的充实，实现设计原理元级知识的拓展，如图 6-23。

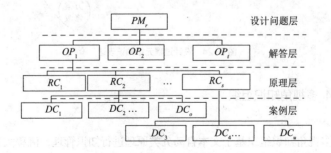

图 6-23　设计原理元级知识表达

4）设计过程元级知识

设计过程元知识 $K_p$ 以设计过程模型为基本框架，用于明确阶段性活动目标。过程元级知识表达为：

$$K_p=\{C_1，C_2，\cdots，C_n\}$$

式中：$C_n$—— 一定抽象程度下的活动序列，由抽象到具体工作，分为时期、层面、阶段、任务和活动五个抽象粒度。

设计过程元级知识拓展包括抽象粒度、内容、节点之间关联三个方面，与 3.2 节操作类似，如图 6-24 所示。

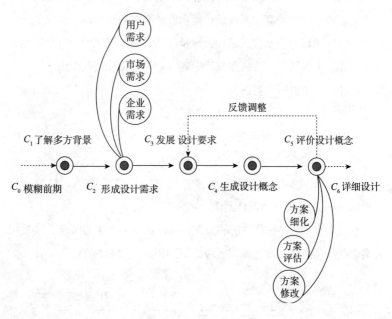

图 6-24　设计过程元级知识表达

## 6.4.4 多视角知识组织

多视角知识组织基于文本自动分类原理进行知识管理，流程大致分为以下三个步骤：

1）设计知识资源汇集。设计知识资源包括文档、图片、图纸等多种形式知识单元，主要来源于资讯、文献与内部案例三方面：产品资讯信息来源于新闻、设计机构网站、论坛，具有前沿和趋势特征；专利、标准、原理、学术文献资源是专家研究成果，具有专业、底层基础特征；企业组织内部案例包括图样、数据等具体工程内容，具有业务应用较强的特征。

2）以工业设计为主导的产品设计开发项目中，通过专家筛选与概念聚类，形成了关键词特征项，用于表示团队不同成员的专业视角 $V_d$，如表6-7所示。

各个视角的特征项 表6-7

| 视角 | 关注特征项 $t_n$ |
|---|---|
| 用户 | 使用、体验、价格、品牌影响力、需求…… |
| 客户（甲方） | 市场、价格、竞争力、战略、管理…… |
| 产品经理（乙方） | 项目范围、进度、创新、成本、冲突…… |
| 工业设计人员 | 体验、造型、色彩、材质、趋势…… |
| 工程技术人员 | 结构、部件、原理、标准、成本、工艺…… |

3）基于向量空间计算的知识单元与视角关联。

基于向量空间模型视角 $V_d$ 表示为：

$$V_d = \{ (t_1, w_1), (t_2, w_2), \cdots, (t_n, w_n) \},$$

式中：$w_n$——第 $n$ 个特征项 $t_n$ 的权重，通过计算相对词频获得。

知识单元 $V_c$ 一方面可通过人为标注的方式，将关键词、标签（tag）、标题等来作为特征项，另一方面通过文本特征项抽取方法，将文本转化为词的集合，经过压缩向量维度，同样以向量空间模型表达。根据算术平均值代表的中心向量，计算各个知识单元向量与每类视角中心向量的距离，与最为相近的归为一类视角，进行优先排序：

$$\mathrm{Sim}(V_c,\ V_d)=\frac{\sum_{k=1}^{M}w_k\times w_k'}{\sqrt{(\sum_{k=1}^{M}w_k^2)(\sum_{k=1}^{M}w_k'^2)}}$$

式中：$V_c$——知识单元中心向量；

$V_d$——视角中心向量；

$M$——特征向量的维数；

$w_k$——$V_c$ 的第 $k$ 维分项的权重；

$w_k'$——$V_d$ 的第 $k$ 维分项权重。

## 6.4.5 应用示例

1）系统构建与应用

基于上述知识管理方法，构建辅助设计合作系统，该系统由入口、知识组织、知识单元底层维护等子系统组成，如图 6-25 所示。系统采用 BS 进行架构，采用 Java 语言开发，基于 J2ee 框架，集成 PostgreSQL 数据库，在 IE11 浏览器上运行。小微企业与设计公司两家合作，尝试使用该系统服务临时设计团队，进行香薰机文化时尚产品改良设计。

2）系统应用状况

基于设计过程元级知识形成香薰机具体开发流程、任务分配、时间节点、输出成果，为在重要环节协调不同专业成员形成共识发挥作用。根据项目状况，团队压缩设计调研的时间，在设计方案客户评价增加到 3 轮，增加甲方客户测试与用户测试反馈。团队希望由此提升概念质量，增加设计的可靠性，如图 6-26 所示。

系统知识单元收集了包括无印良品、小熊、美菱等在内的国内外 18 个品牌 248 款香薰机案例，129 条与香薰、气味、负离子相关的发明、实用专利及 1160 篇瑜伽、固态胶囊、美容护理等与香薰机相关的主题新闻报道。在有关香薰机知识资源一定的情况下，根据文档、案例、专利通过自身文本特征和标签，基于视角进行组织，有侧重地进行推荐。

例如，主题报道为"无印良品推随身香薰机"，"云米香薰机发布：5种渐变呼吸灯光"等新闻宣传，主要内容包括品牌、体验、创新特征方面的信息，被系统优先推荐给设计人员。发明和实用新型专利名称如"有负离子制造功能的香薰机"，"可直接扩散精油的香薰机及香薰方法"，以及原理知识词条"雾化原理介绍"等，说明香薰机的底层功能和原理情况，被系统优先推荐给工程技术人员，如图 6-27 所示。

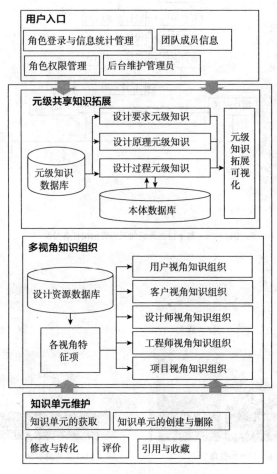

图 6-25　知识辅助设计合作系统结构

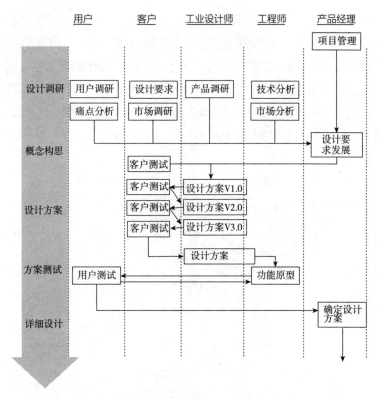

图 6-26　基于过程元级知识的跨部门任务分配

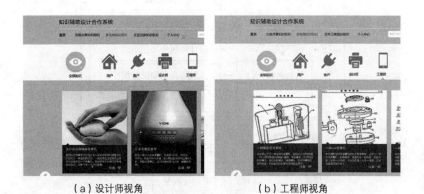

（a）设计师视角　　　　　（b）工程师视角

图 6-27　香薰机知识资源不同视角知识组织界面

3）初期效果

该系统支持 7 人临时组成的设计团队进行 1 个月的香薰机项目辅助设计，形成了初步的合作流程项目计划，成员累计在线时间 34h，进行知识单元创建与分享共 21 次。与相关案例中材质、功能组合方式等信息激发相比，项目产生了 3 个备选设计方案，最终具有中国传统纹样风格、木质材料、具有灯光自适应、电池供电方案进入到后续详细设计，如图 6–28 所示。使用后期，经过团队访谈反馈认为，知识管理系统在确立设计目标、保障项目流程、提升知识利用效率方面基本达到最初设定的目标。

图 6–28　香薰机临时团队设计合作方案

## 6.4.6 知识组织方法总结

有序的知识组织是团队合作创新增值的动力之一。基于团队认知特征，构建了两层知识管理模型，适应知识流在临时团队成员之间转化。

1）通过元级共享知识促进成员构建共识，增强合作意识。

2）基于多视角知识组织提供差异化知识供给，满足专业分工需求。

## 6.5 小结

　　利用设计知识管理可以提高设计师以及设计开发团队在设计前期准备的质量和效率。本章通过分析设计知识的特性，建立了匹配设计知识情景的管理目标，提出了基于问题方案共进模型的设计知识获取方法，转化口语信息为设计知识。基于案例的产品外观设计知识管理方法，支持设计师显性和隐性的外观设计知识重用和设计创新。最后提出了面向临时团队的产品设计知识组织，在达成共识的基础上提供差异化的供给。

# 7 / 研究结论 与展望

## 7.1 主要结论

本书依据设计科学研究的一般思路，围绕"如何在产品开发前期进行充分准备，保障设计项目成功，提高设计质量"这个主要问题进行了深入的研究。通过对设计前期活动观察、分析，建立了具有多个抽象层次的设计前期过程描述模型，说明设计前期各个下属阶段。引入认知地图概念，通过定义设计前期状态、设计活动目标以及前期准备的手段，说明设计前期各种因素的相互影响。利用通用问题解决理论、扎根信息处理理论、瀑布软件开发模型，建立了框架性设计前期过程规范模型。设计前期描述性和规范性模型以及认知地图为合理规划产品开发，调动设计资源，促进设计创新奠定了理论基础。

本书按照"提出问题——分析问题——解决问题——验证问题"的研究思路，采用理论研究和实证研究相结合的方法，对设计前期进行了深入的探索，取得以下九方面的结论：

1）设计前期概念和基本特征。设计前期指在产品开发项目中，具体设计方案生成之前的准备阶段，是产品开发各个层面活动中，树立目标、酝酿概念的过程。设计前期具有复杂性和模糊性的特征。设计前期复杂性主要是指参与者众多、开发活动性质多样。设计前期的模糊性主要有两个方面：对设计项目管理而言，由于企业组织内部管理安排不完善，企业组织外部市场、用户、技术等因素变化使设计项目前端不确定。对设计创新认知而言，设计师在解决设计问题之前，对搜集信息内容、定义设计问题、转化设计因素等环节不确定。设计前期的特征决定了准备活动的必要性。

2）设计前期过程描述性模型。在设计前期描述性模型中，设计前期开始于企业决策者形成新产品开发的最初意图，结束于设计人员完成信息搜集，发现设计因素。设计前期对于新产品企划而言，是商业概念和策略生成的阶段；对于项目管理而言，是对开发资源合理安排的时期；对于设计活动而言，是设计师或设计团队搜集相关信息，进行认知准备的过程。总之，设计前期可以被概括为"酝酿概念、树立目标"的重要阶段，它关系到商业需求向设计策略的有效转化，设计创意的质量以及产品项目的最终成功。设计前期的组织安排对提高用户满意度，缩短开发时间，降低开发成本，保障团队分工合作默契，培养团队创新都起着积极的作用。

3）设计前期的基本因素和相互关系。设计活动可以看作是采取手段由初始状态转化为目标状态的过程。设计前期是设计的初始状态，处于复杂、不确定的状态。设计的目标状态包括项目成功和高质量的产品设计。其中，项目成功被定义为整个开发过程、产品和经济结果的成功，高质量的设计方案被定义为美学、用户、经济、产业、社会和创新方面的突破。形成新产品企划、进行项目管理和设计前期认知准备是前期准备的手段。另一方面，通过认知地图可以发现：前期合作关系是影响前期准备的重要因素，开发双方前期相互了解是合作的基础。

4）设计前期准备的基本方法。根据通用问题解决原理、信息处理扎根原理和瀑布软件开发模型建立了设计前期过程规范性模型。该模型利用人类处理信息的一般原理，提出前期准备的基本原则：解决设计问题，首先需要了解问题的基本状况，而后才能采用一定手段使问题由初始状态向目标状态转化。设计问题复杂，需要分解转化为各个小目标，逐个定义分别解决。处理设计信息时需要建立在广泛搜集资料的基础上，采用逐层推进的加工模式。这样一方面可以保障搜集信息全面，另一方面便于集中处理重要、有价值的信息。在安排前期准备活动时，需要划分阶段、明确阶段目标。通过对每个阶段完成情况的检查评估，确保准备活动的充分、有效。

5）建立新产品开发策略和设计要求的方法。开发策略和设计要求是关于"要做什么"的问题，而产品设计是关于"如何去做"的问题，前者是后者进行的前提。开发策略是决策者对企业整体性、长期性、发展性问题的规划，这里归纳了"SET"和"SMM"两种建立方法。"SET"方法主要是通过对社会、经济、技术发展趋势的分析，寻找产品机会制定开发策略。"SMM"采用社会构成主义方法，通过比较各个领域参与者关于社会现实不同观点来认识问题，建立开发策略。设计要求是新产品开发策略的细化，设计要求自身不是前期准备的目的，而是形成一种交流手段和评价标准。形成设计要求大致可以经过明确策略前提、建立要求和管理要求三个阶段。建立设计要求可以通过第三方介入确保客户需求准确传达，避免设计方建立要求带来的偏颇。

6）设计项目管理前期准备的方法。客户合作和设计小组合作是设计项目管理的重要内容。客户合作是设计开发的必要环节，只有客户不断地为项目输入必要的信息，才能支持开发方完成设计任务。项目管理通过建立交流机制，确保客户了解产品开发的进展。设计合作是设计小组为了达成共同的设计目标，而建立的一种团队交流、合作方式。小组合作的前提在于成员之间的信息共享，通过处理人员搭配组织、合作交流机制、交流媒介等环节的问题，可以提高设计合作效率。

7）设计认知前期准备方法。设计问题的不良定义本质，决定了设计师认知行为不能够简单地依照理性逻辑完成。在面临设计任务时，设计师需要以较为完整的信息框架模式理解设计问题,通过筛选设计信息，发现可以转化为方案的设计因素。过早地投入到设计方案生成活动，以最初方案为基本认知框架狭隘地认识设计问题，都将影响设计认知准备的质量。

8）设计创新的前期准备方法。通过回顾创新认知机制，可以发现以往知识、经验对创新认知活动的重要性。创意不是凭空产生，灵感的火花只有在充满"设计知识和经验的可燃气体"中才能爆发。另一方面，支持创新就需要减少设计思维固化。当设计思路僵持在一个概念上缺乏新的变化时，固化就发生了。由思维固化的机制可知，提供典型和非典型案例、改变固有的设计思维关联模式，以及调动参与者的积极性都是减少设计思维固化的方法，而在前期提供中立、全面的设计要求也是防止思维固化的有效手段。

9）设计知识管理在前期准备中的应用。设计知识分为三类：对象知识——有关人造物特征和属性的信息，实现知识——有关人造物工程实现的信息，过程知识——有关设计程序操作性信息。提出了基于问题方案共进模型的设计知识获取方法，转化口语信息为设计知识。基于案例的产品外观设计知识管理方法，支持设计师显性和隐性的外观设计知识重用和设计创新。最后提出了面向临时团队的产品设计知识组织，在达成共识的基础上提供差异化的供给。

## 7.2 主要创新点

本书的创新点主要包括以下三点：

1）研究扩展了设计前期的概念，由管理学领域扩展到设计研究领域。通过归纳设计前期不同性质活动，按照参与者、逻辑关系和活动目标将前期活动分为三类：新产品企划活动、设计项目管理活动以及设计创新认知准备活动。设计前期概念对加深认识复合多种性质的设计过程具有促进作用。研究总结了设计前期模糊性特征属性，解释了设计前端不确定性的原因，并利用信息学原理建立设计前期信息框架，为全面、系统地搜集设计信息，消除不确定性提出了方法。

2）研究建立了不同抽象层次的设计前期描述性模型，总结了前期准备中经常存在的问题，用于灵活分析不同情境中的设计开发活动，为交叉领域开发团队理解前期活动、达成合作共识奠定基础。研究分别提出了建立和发展设计要求的方法、客户合作和小组合作的方法、促进设计创新和减少设计思维固化的方法。这些准备方法在设计实践中都具有应用价值。

3）研究将设计知识管理应用到设计前期准备。设计知识管理可以将散乱的设计信息片段转化为系统性应用的知识，高效地共享、传播和重用设计知识，为工业设计组织的创新力和竞争力提供工具。

## 7.3 研究展望

设计研究发展到今天已经有四十余年的历史，相对于其他学科而言，它的发展时间还相对比较短，还存在广阔的研究空间。设计研究领域不仅处于艺术与科学的交叉领域，而且还处于人与物的交互领域。在其他基础学科研究发展的基础上，设计研究领域一定会产生更多的创新成果。在本书研究的基础上，笔者认为以下研究方向有待进一步地去探索：

1）设计过程的研究。设计过程在设计研究领域一直是探讨的热点，本书仅对设计前期过程进行了探讨，今后研究可以扩展到整个设计过程。通过结合具体的设计情景进行深入分析，明确各个阶段的特征和相互关系，发现组织过程的特性和共性问题。

2）以设计师为中心的计算机辅助工业设计的研究。现有的计算机辅助设计研究强调算法技术的集成，忽视设计科学自身的特征，缺乏满足设计师创新需求的有效工具。人工智能技术、协同技术以及虚拟技术在辅助设计中的理论研究，多数都是以计算机技术为中心的开发思想为指导，关心算法的应用和各种技术的提高。数字化、自动化的推理设计机制简化了产品设计过程，不仅限制了产品设计创新的空间，而且缺乏实际应用价值。因此，对满足设计师创新需求的计算机技术研究，将会对设计产业的发展起到切实的促进作用。如图7-1，为计算机辅助工业设计同设计研究之间的关系。

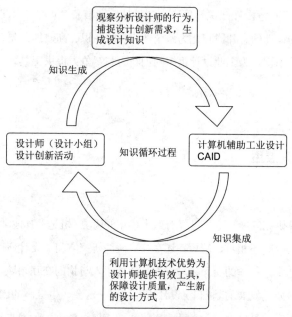

图7-1 计算机辅助工业设计同设计研究之间的研究循环

3）设计创新的研究。以往研究通过认知心理学、社会科学的方法认识设计师解决问题的过程以及创新活动,取得了令人欣喜的研究结果。因此，进一步通过对创新机制和方法的探讨，具有重要的学术价值和实践意义。此外，由于设计活动自身带有人类解决问题的一般特征，所以对创新方面的探索将为人工智能的研究提供新的思路。

4）用户研究。本书只将用户作为一类设计信息进行了讨论，缺少对用户信息收集方法和由用户方面信息转化为设计因素的研究。今后研究可以通过结合生理学、心理学以及信息建模方法，为设计捕捉用户需求寻找可靠方法。

5）设计知识管理的研究。本书试图根据设计知识的特性，建立设计知识本体框架，从而获得和分解设计知识。然而在设计知识的特性、设计信息的转化加工、设计知识专家系统方面都有待深入地探讨和发展。

# 附录

## 附录1

关于嵌入式双炉工业设计的几点要求和建议

1. 此次工业设计的产品定位在中高档嵌入式灶具市场。

2. 整体布局包括：锅支架、小锅支架（若有支架可放 $\phi k$ mm的奶锅可不要）、燃烧器（火盖、分火器）、旋钮、面板等不影响灶具在使用的部件。

3. 在产品的布局上有很好的创意，整体布局的线条要流畅、奔放，要有品牌和流行的设计理念。造型上体现出流行的几何元素，以求能在行业上带动或引领潮流。

4. 设计产品要体现工艺上的提升和材料的考究。要体现出产品的质感和产品的档次。

5. 在燃烧器的设计上，力求精致美观，以流行的几何元素做出能够吸引消费者眼球的新颖的工业造型。

6. 现有的品牌中大多以大面板的中式嵌入式灶及欧式灶作为中高档产品的主流，建议能做到中式和欧式相结合的工业造型，既能满足中式烹调，又有欧式风格的气派。

7. 在设计整体尺寸上要求：面板尺寸：$x \times y$，燃烧器中心距：$p$。

旋钮中心距离 $z$ mm，锅支架顶部到燃烧器火孔距离 $w$ mm。燃烧器的设计参考尺寸：最大外直径：$v$ mm设计双环火力，分火器加火盖后的总高度不超过 $a$ mm，燃烧方式参考市场上的内燃式。外环火燃烧直径不小于 $c$ mm，内环火燃烧直径不大于 $b$ mm。

参附图：（括号内尺寸仅供参考）

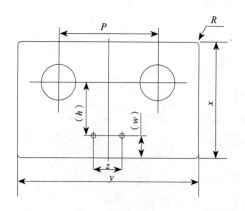

## 附录2

设计委托书（全铁椅)

设计内容：全铁椅分为光板椅和带布椅两种类型。要求设计椅子一到两款，N天内完成。

技术要求：

A：本设计总体要求外观简洁大方，轻便耐用，结构牢固，使用舒适。

B：椅子的座板和靠背均是薄板结构，即钣金件一体成型，成型工艺简单可靠，要求使用普通低碳钢板。

C：为了增加座板的强度，可以在座板下面增加加强件（管件或五金件）。

D：用于加强的管件或五金件不许和结构件重复，保证在满足强度的情况下，最大限度地减少材料用量，降低产品成本。

E：要求座板的有效使用宽度$x$ mm，座板距离地面高度$y$ mm。

F：座板、靠背均可以增加布面装饰。

G：在打开状态下，靠背顶端到座板的距离大于$Q$ mm，座板至靠背的有效深度在$P$ mm之间。

H：折叠方式参考$KK$折叠椅，要求折叠结构简单可靠。折叠时，零件紧凑，体积最小，椅子厚度$R$ mm以内。

I：总体要求，总材料的使用量在$F$ kg以内。

J：推荐我们两至三种配色方案。

K：椅子的强度标准必须满足附件X型交叉腿椅子标准要求。


## 附录3

半结构访谈计划

第一部分：介绍调查基本目的

半结构访谈调查主要为了了解在新产品设计前期（产生具体的设计概念方案之前的一个阶段）设计开发准备活动，其中包括项目成立、项目管理和设计创新准备等基本活动。希望通过对您的采访了解新产品开发前期准备的实际过程以及过程中存在的困难，并根据您的设计经验提出有关前期准备的建设性意见。

整个调查活动大约持续35分钟左右。感谢您的热心参与！

第二部分：调查对象基本情况

姓　　名：_____　　教育情况：_____

工作时间：_____　　产品行业：_____

主要设计开发产品：＿＿＿＿＿＿＿＿＿＿　　设计部门情况（成立时间、人员、基本运作、同其他部门之间的关系）：＿＿＿＿＿＿＿＿＿＿＿＿＿＿＿＿＿＿

第三部分：陈述前期活动的过程，开放性问题回答

1）以一个常见的新产品开发项目为例，请您简要回顾项目开发的基本过程，其中包括基本阶段、大致时间、参与人员、基本目标、投入资源。（描述）

2）据您了解这样的开发过程是否有效？是否产生了高质量的设计，以及市场反映良好的产品？参与新产品开发的人员是否可以较为默契地完成设计任务？基本情况如何？很混乱、随机？较为有序？（评价）

3）以一个成功的新产品设计开发项目为例（高设计质量、创新性、市场反应良好的产品），请您回顾设计前期准备的基本过程，其中包括基本阶段、大致时间阶段、参与人员、基本目标和活动。同失败的项目比较，成功项目在前期准备上有何不同？（描述）

4）在新产品设计前期阶段，作为设计师您一般进行什么样的准备？大致有几个方面的活动？包括准备活动持续时间，占用整个设计的比例，以及如何拓展设计思路，提高创新程度，采用何种工具，如何合作协调其他成员的情况。（描述）

5）公司是否对新产品开发建立相应的发展策略（长远的目标）？这些策略对后期设计方案的生成和发展是否有切实的帮助？以一个熟悉的项目为例，请您谈一谈策略如何制定（平台性、品牌性、差异性等），以及设计过程中的执行和转化情况？（描述）

6）以一个熟悉的项目为例，请您谈一谈企业、客户在设计前期如何制定设计要求？其中参与制定人员，采用方法，基本模式和内容，以及存在的问题等情况。设计要求在开发过程中发挥的作用如何？（描述）

7）请您谈一谈前期设计项目管理的基本情况，包括设计主管如何分配任务，制定进度，促进设计合作，保持和客户沟通，采用软件工具等基本情况。（描述）

第四部分：提出观点和看法，开发性问题回答

1）您认为产品开发前期准备的主要内容是什么？请说明大致几项内容。（评价）

2）您认为影响产品开发前期准备的因素是什么？（评价）

3）您认为在产品开发前期准备过程中存在的困难是什么？请说明大致几项内容。您最需要的支持是什么？请说明大致几项内容。您认为产品开发前期最应该改善的环节是什么？请说明大致几项内容。（评价）

4）您认为产品开发前期准备过程最为合理的分工是什么？准备过程中必要的工作如何安排。（用户调查人员、高层决策、设计主管、其他技术主管、市

场营销主管等）（评价）

5）您对设计前期与客户合作有什么看法？（评价）

6）您对设计成员之间合作有什么看法？（评价）

7）您认为什么是设计创新的主要因素？（评价）

感谢您接受采访！您提供的有关设计前期信息将作为调查资料，支持相关研究，其中如果有涉及隐私和其他利益相关者的信息，在研究中将隐去。再次感谢您的鼎力支持！

## 附录4

### 问卷调查

您好！感谢参与这次问卷调查。为了调查产品设计专业的学生在设计前期（设计方案产生前的阶段）准备活动的总体情况，特别是了解在准备过程中存在的困难以及希望得到的帮助，通过调查问卷的形式搜集材料。填写本问卷的时间大约在20分钟左右，感谢您的配合。

**第一部分：基本情况**

1）年级，请√选：

　　□A. 大学二年级　　　　　　□B. 大学三年级

　　□C. 大学四年级　　　　　　□D. 硕士

2）最近一段时间内（2008.2～2008.6期间）完成的产品设计课题（包括课程作业以及竞赛）的数量约为，请√选：

　　□A. 1个　　　□B. 2个　　　□C. 3个　　　□D. 4个及4个以上

**第二部分：设计过程回顾**

3）排除干扰的情况下，您估计独立完成一项满意产品设计课题的时间约为，请√选：

　　□A. 1个星期7天左右　　　　□B. 2个星期14天左右

　　□C. 3个星期21天左右　　　　□D. 1个月以及1个月以上

4）在整个设计过程中，您花费在设计方案之前的准备活动（酝酿阶段)约占整个活动时间比例为，请√选：

　　□A. 很少，直接就投入到方案设计上了

　　□B. 酝酿一段时间，占1/5至1/4

　　□C. 很多，约占1/4以上充分准备

　　□D. 很多，由于思路不顺畅，很难进行，约占1/4以上

5）最近一次产品设计课题（包括竞赛、课程作业）为＿＿＿＿＿＿＿＿＿＿

您在前期准备活动包括有：＿＿＿＿＿＿＿＿＿＿＿＿＿＿＿＿＿＿＿

理解课题要求具体活动包括＿＿＿＿＿＿＿＿＿＿＿＿＿＿＿＿＿＿＿

搜集相关的资料，确立设计目标具体活动包括＿＿＿＿＿＿＿＿＿＿＿＿

酝酿设计灵感的具体活动包括＿＿＿＿＿＿＿＿＿＿＿＿＿＿＿＿＿＿

其他活动包括＿＿＿＿＿＿＿＿＿＿＿＿＿＿＿＿＿＿＿＿＿＿＿＿＿

在什么样的条件下，您认为已经完成了前期准备，可以开始方案设计＿＿＿＿＿

＿＿＿＿＿＿＿＿＿＿＿＿＿＿＿＿＿＿＿＿＿＿＿＿＿＿＿＿＿＿＿＿

6）在设计准备的过程中，您是如何寻找同设计相关的信息，请√选：

    A. 没有确定的程序，随机网络搜集有关信息。

    B. 只对自己熟悉的领域搜集信息。

    C. 具有一定的程序，一定的结构搜集信息。

    D. 和同学一起讨论。

7）您认为设计方案之前的准备活动是否对后期的设计有帮助，请√选：

    A. 很少，我需要投入更多的时间推敲方案。

    B. 很少，我搜集的材料对方案生成没有很大的关系。

    C. 一般，前期准备是必要过程，可以找到有益的材料。

    D. 很大，准备活动是后期活动的基础，经常可以找到有益的材料。

8）您认为一件产品设计作品中最重要的创新因素是什么

在前期准备中你一般采用什么方法促进自己或团队创新，可以复选，请√选：

    A. 收集资料，学习成功案例。

    B. 和小组成员一起讨论，互相激发。

    C. 利用生活体验或观察用户。

    D. 其他方法，例如＿＿＿＿＿＿＿＿＿＿＿＿＿＿＿＿＿＿＿

    E. 没有有效的方法。

**第三部分：前期准备过程中存在的困难**

9）举例说明您认为在产品设计准备过程中遇到的困难环节，例如＿＿＿＿＿＿

＿＿＿＿＿＿＿＿＿＿＿＿＿＿＿＿＿＿＿＿＿＿＿＿＿＿＿＿＿＿＿＿

10）您在前期准备中遇到过以下问题吗？可以复选，请√选：

    A. 设计要求不明确，过于笼统。

    B. 搜集的相关设计信息不够丰富，不够全面。

    C. 信息繁杂，不知道搜集哪些相关的信息，不知道哪种信息对设计重要。

    D. 不知道如何分析信息，无法将之转化为设计因素。

    E. 不知道如何收集有关用户的资料和信息。

    F. 不知道收集的有关信息（例如市场）和之后的设计方案有何关系。

    G. 收集到的产品外观信息会束缚想法。

H. 不知道如何同小组其他成员配合。

I. 对设计程序不是很熟悉，不知道如何安排。

其中您认为最大的困难是＿＿＿＿＿＿＿＿＿＿＿（从以上选项中选出3个）

感谢您对这次调查的支持！祝您身体健康！学业进步！

## 附录5

采访调查

采访调查产品设计专业的教师，对**学生在前期准备**中存在的问题和困难进行全面调查。

1）您认为高年级学生在动手进行方案设计之前，最容易出现的问题有哪些？其中最严重的是什么问题？

2）以最近一次产品设计课程为例，请您比较设计方案质量高的学生和质量低的学生在前期准备上的差异？

3）请您对设计方案前进行准备的方法提出建议。

感谢您对这次调查的支持！祝您身体健康！工作顺利！

# 参考文献

［1］ NIGEL C. Editorial Forty years of design research［J］. Design Studies，2007，28
（1）：1-4.

［2］ 西蒙. 人工科学——复杂性面面观［M］. 武夷山译. 上海：上海科技教育出
版社，2004：5-10.

［3］ AKEN V，ERNST J. Valid knowledge for the professional design of large and
complex design processes［J］. Design Studies，2005，26（4）：379-404.

［4］ NIGEL C. Science and design methodology：A review［J］. Research in
Engineering Design，1993，5（2）：63-69.

［5］ 李砚祖. 设计艺术学研究的对象及范围［J］. 清华大学学报（哲学社会科学
版），2003，（05）：26-39.

［6］ QINGYU ZHANG，WILLIAM J. DOLL. The fuzzy front end and success of
new product development：a causal model［J］. European Journal of Innovation
Management，2001，4（2）：95-112.

［7］ COOPERRG. Fixing the fuzzy front end of the new product process：building the
business case［J］. CMA，1997，71（8）：22-23.

［8］ KHURANAA，ROSENTHALS.R. Integrating the fuzzy front end of new product
development［J］. Sloan Management Review，1997，38（2）：103-120.

［9］ MOENAERT，R.K，DE MEYER，A，SOUDER，W.E，DESCHOOLMEESTER，
D. R&D/marketing communication during the fuzzy front.end［J］. IEEE
Transactions on Engineering Management，1995，42（3）：243-258.

［10］ GERWIN，D，TARONDEAU，J.C. Case studies of computer integrated
manufacturing systems：a view of uncertainty and innovation processes［J］. Journal
of Operations Management，1982，87-99.

［11］ GUPTA，A.K，WILEMON，D.L. Accelerating the development of technology.
based new products［J］. California Management Review，1990，32（2）：24-44.

［12］ THOMPSON，J.P. Organizations in Action［M］. New York：McGraw.Hill，1967.

［13］ 王受之. 世界现代设计史［M］. 北京：中国青年出版社，2002：1-10.

［14］ TZORTZOPOULOS，PATRICIA C，RACHEL，CHAN，et al. Clients' activities
at the design front.end［J］. Design Studies，2006，27（6）：657-683.

［15］ GORB，P. Design management：papers from the London Business School［M］.
London：Phaidon Press Inc，1994.

［16］ EVBUOMWAN，N. F. O，SIVALOGANATHAN，S，JEBB，A. A survey

of design philosophies, models, methods and systems [J]. Proceedings of the Institution of Mechanical Engineers. Pt.B. Journal of Engineering Manufacture, 1996, 210 (4): 301–320.

[17] JONES, J C. Design methods, seeds of human futures [M]. London: Wiley, 1980.

[18] REYMEN. Improving design processes through structured reflection, a domain. independent approach [D]. Eindhoven: Eindhoven University of Technology, 2001.

[19] KHURANA, A, ROSENTHAL, S.R. Towards holistic `front end ' in new product development [J]. Journal of Product Innovation Management, 1998, 15 (6): 57–74.

[20] BRUCE, M, COOPER, R.Creative product design: a practical guide to requirements capture management [M]. Chichester: Wiley, 2000.

[21] CHASE, R.B, TANSIK, D. A. The customer contact model for organizational design [J]. Management Science, 1983, 29 (9): 1037–1050.

[22] COOPER, R.G, KLEINSCHMIDT, E.J. Benchmarking the firm's critical success factors in new product development [J]. The Journal of Product Innovation Management, 1994, 12 (5): 374–391.

[23] JONATHAN CAGAN, CRAIG M.VOGEL. 创造突破性产品——从产品策略到项目定案的创新 [M]. 辛向阳，潘龙译. 北京：机械工业出版社，2004.

[24] 周晓宏. R&D项目管理标准化及其策略研究. [D]. 杭州：浙江大学，2006：1–35.

[25] 陈汗青. 产品设计 [M]. 武汉：华中科技大学出版社，2005：33–35.

[26] KRUGER C, NIGEL C. Solution driven versus problem driven design: strategies and outcomes [J]. Design Studies, 2006, 27 (5): 527–548.

[27] KRUGER, C. Cognitive strategies in industrial design engineering [D]. The Netherlands: Delft University, 1999.

[28] LAWSON, B. Cognitive strategies in architectural design [J]. Ergonomics, 1979, 22 (6): 59–68.

[29] OWEN, CHARLES. Structured Planning in Design: Information.Age Tools for Product Development [J]. Design Issues, 2001, 17 (1): 27–43.

[30] SEBASTIAN M, JOHN S, SIMON, A et. al. Development and verification of a generic framework for conceptual design [J]. Design Studies, 2001, 22 (2): 169–191.

[31] MILTON D.ROSENAU, JR. 成功的新产品开发——加速从机会到利润的进程 [M]. 王俊杰译. 北京：中国人民大学出版社，2005：100–105.

[32] PINTO, JEFFREY K. 项目管理 [M]. 北京：机械工业出版社，2007：200–205.

[33] COOPER, R AND KLEINSCHMIDT, E. Winning businesses in new product development: the critical success factors [J]. The Journal of Product Innovation

Management Science, 1997, 14（2）: 132–137.

[ 34 ] REINERTSEN, D G. Taking the fuzziness out of the fuzzy front.end [ J ]. Research Technology Management, 1999, 42（6）: 25–31.

[ 35 ] MCGRATH, M.E. Product Strategy for High.Technology.Companies [ M ]. New York: Irwin, 1995.

[ 36 ] RUBENSTEIN, A.H. At the fron-end of the R&D/Innovation process: idea development and entrepreneurship [ J ]. International. Journal of product Innovation Management, 1994: 1381–1396.

[ 37 ] COOPER, R.G., KLEINSCHMIDT, E.J. Determinants of Timelines in Product Development [ J ]. Journal of product Innovation Management, 1994, 11（6）: 381–396.

[ 38 ] SONG, X.M, PARRY, M.E.What Separates Japanese New Product Winners from Losers [ J ]. Journal of Product Innovation Management, 1996, 13（1）422–439.

[ 39 ] Kagioglou M . Generic Design and Construction Process Protocol: Final Report [ J ]. ActaSocietatis Medicorum Upsaliensis, 1998, 70（3）: 97–106.

[ 40 ] GIFFORD, W. E. Message characteristics and perceptions of uncertainty by organizational decision makers [ J ]. Academy of Management Journal, 1979, 22（3）: 458–481.

[ 41 ] COYNE, RICHARD. Wicked problems revisited [ J ]. Design studies, 2004, （26）: 5–17.

[ 42 ] BONNARDEL, N. Towards understanding and supporting creativity in design: analogies in a constrained cognitive environment [ J ]. Knowledge.Based Systems, 2000, 13（8）: 505–513.

[ 43 ] SCHON, D A. The Reflective Practitioner [ J ]. London: Temple.Smith, 1983.

[ 44 ] SCHON, D A. Designing: rules, types and worlds [ J ]. Design studies, 1988, 9（5）: 181–190.

[ 45 ] GoelV , Pirolli P . The structure of Design Problem Spaces [ J ]. Cognitive Science, 1992, 16（3）: 395–429.

[ 46 ] CROSS, N. Expertise in design: an overview [ J ]. Design studies, 2004, （23）: 427–441.

[ 47 ] C, BERENSON. 新产品开发——哈佛商学院MBA课程 [ M ]. 游世雄, 朱晋晶 译. 北京: 中国人民大学出版社, 2003.

[ 48 ] LAWSON B, BASSANINO M, PHIRI M, et al. Intentions, practices and aspirations: Understanding learning in design [ J ]. Design studies, 2003, 9（23）: 327–339.

[ 49 ] 百度百科. 2008. 认知地图 [ EB/OL ] 2008.5.2.http: //baike.baidu.com/ view/1240415.htm.

[ 50 ] EDEN, C. Analyzing cognitive maps to help structure issues or problems [ J ].

European Jouranal of operational research, 2003, 159（5）: 673–686.

[ 51 ] J.B. NOH, K.C. LEE, J.K. KIM, et al. A case.based reasoning approach to cognitive map.driven tacit knowledge management [ J ]. Expert Systems with Applications, 2000, 19（1）: 249–259.

[ 52 ] LENZ, R. T., ENGLEDOW, J. L. Environmental analysis: the applicability of current theory [ J ]. Strategic Management Journal, 1986, 17（4）: 329–346.

[ 53 ] LEE, S, COURTNEY, J.F. Organizational learning system [ C ]. Proceedings of the 22nd Annual Hawaii International Conference on System Sciences, 1989: 492–503.

[ 54 ] TOLMAN, E. C.Cognitive maps in rats and men [ J ]. Psychological Review, 1948, 55（1）: 189–208.

[ 55 ] ACKERMANN, F, EDEN, C, WILLIAMS, T. Modeling for litigation: Mixing qualitative and quantitative approaches [ J ]. Interfaces, 1997, 27（2）: 48–65.

[ 56 ] Eden, C. Cognitive mapping and problem structuring for system dynamics model building [ J ]. System Dynamics Review , 1994, 10（1）: 257–276.

[ 57 ] Klein, J. C., & Cooper, D. F. Cognitive maps of decision makers in a complex game [ J ]. Journal of Operational Research Society, 1982, 33（2）: 63–71.

[ 58 ] Kelly, G.A. The Psychology of Personal Constructs [ J ]. New York.: Norton, 1955.

[ 59 ] Newell, A.; Shaw, J.C.; Simon, H.A.Report on a general problem–solving program [ J ]. Proceedings of the International Conference on Information Processing, 1959: 256–264.

[ 60 ] RedDot. 2008. RedDot [ EB/OL ] 2008.5.10, http: //www.reddot.com/index.htm.

[ 61 ] IF. 2008. IF [ EB/OL ]2008.5.16, http: //www.ifdesign.de/.

[ 62 ] IDEA. 2008. IDEA [ EB/OL ]2008.5.13, http: //www.idea.awards.com.au/.

[ 63 ] G.MARK. 2008. G.MARK [ EB/OL ]2008.5.10, http: //www.g.mark.org/english/.

[ 64 ] HORN, DIANA B. Modeling and quantifying consumer perception of product creativity [ D ]. West Lafayette: Purdue University, 2005.

[ 65 ] RYD, NINA. The design brief as carrier of client information during the construction process [ J ]. Design studies, 2004, 25（3）: 231–249.

[ 66 ] BARCZAK, G. New product strategy, structure, process, and performance in the telecommunications industry [ J ]. Journal of Product Innovation Management, 1995, 12（3）: 224–234.

[ 67 ] NARVER, J.C, SLATER, S.F. The effect of a market orientation on business profitability [ J ]. Journal of Marketing, 1990, 54（4）: 20–35.

[ 68 ] GILES, BRIDGET. 认知心理学 [ M ]. 黄国强, 林晓兰, 徐愿译. 哈尔滨: 黑龙江科学技术出版社, 2007.

[ 69 ] 杨昌源. 引导型软件可用性评估模型探讨 [ D ]. 杭州: 浙江大学, 2007.

[ 70 ] 潘云鹤. 智能CAD方法与模型 [ M ]. 北京: 科学出版社, 1997: 1–35.

[ 71 ] P.S. BARRETT, J. HUDSON, C. STANLEY. Good practice in briefing: the limits of rationality [ J ]. Automation in Construction, 1999: 633–642.

[ 72 ] B.G. GLASER, A.L. STRAUSS. The Discovery of Grounded Theory [ J ]. Chicago: Aldine, 1967.

[ 73 ] 张维明. 信息系统原理与工程 [ M ]. 北京: 电子工业出版社, 2001.

[ 74 ] SIMISTER, J, STUART D, GREEN, et al. Modeling client business process as an aid to strategic briefing [ J ]. Construction Management and Economics, 1999, 17 ( 1 ): 63–76.

[ 75 ] CHECKLAND, P.B. Systems Thinking, Systems Practice [ J ]. Chichester: Wiley, 1981.

[ 76 ] CHECKLAND, P.B. Soft Systems Methodology in Action [ M ]. Chichester: Wiley, 1990.

[ 77 ] IAN SOMMERVILLE, PETE SAWYER.需求工程 [ M ]. 北京: 机械工业出版社, 2003.

[ 78 ] ATKIN, B, FLANAGAN, R. Improving Value for Money in Construction: Guidance for Chartered Surveyors and their Clients [ J ]. London: Royal Institution of Chartered Surveyors, 1995.

[ 79 ] PENG, CHENGZHI. Flexible generic frameworks and multidisciplinary synthesis of built form [ J ]. Design studies, 1999, 20 ( 1 ): 537–551.

[ 80 ] BERTELSEN, S, EMMITT, S. The client as a complex system [ J ]. Proceedings of the 13th conference of the International Group for Lean Construction, 2005: 73–80.

[ 81 ] NEWCOMBE, R. From client to project stakeholders: a stakeholder mapping approach [ J ]. Construction Management and Economics, 2003, 21 ( 8 ): 841–848.

[ 82 ] DARLINGTON, M, CULLEY, S. A model of factors influencing the design requirement [ J ]. Design studies, 2004, 25 ( 3 ): 329–350.

[ 83 ] HENNA LAHTI, PIRITA SEITAMAA, HAKKARAINEN, et al. Collaboration patterns in computer supported collaborative designing [ J ]. Design studies, 2004, 25 ( 5 ): 351–370.

[ 84 ] HENNESSY, S, MURPHY, P. The potential for collaborative problem solving in design and technology [ J ]. International Journal of Technology and Design Education, 1999: 91–136.

[ 85 ] STEMPFLE, J, BADKE.SCHAUB, P. Thinking in design teams an analysis of team communication [ J ]. Design studies, 2002, 23 ( 5 ): 473–496.

[ 86 ] CHIU, M L. An organizational view of design communication in design collaboration [ J ]. Design studies, 2002, 23 ( 2 ): 187–210.

[ 87 ] ROBERT I. SUTTON, ANDREW HARGADON. Brainstorming groups in context: effectiveness in a product design firm [ J ]. Administrative Science Quarterly, 1996,

41 ( 3 ): 685–718.

[ 88 ] KRUGER, C. Solution driven versus problem driven design: strategies and outcomes [ J ]. Design studies, 2006, 27 ( 5 ): 527–548.

[ 89 ] NORMAN, DONALD. A. Emotional design–why we love or hate everyday things [ J ]. New York: Basic Books, 2004.

[ 90 ] SHANNON, C E. A mathematical theory of communication [ J ]. Bell system Technical Journal, 1948.

[ 91 ] LUGT, REMKO VAN DER. How sketching can affect the idea generation process in design group meetings [ J ]. Design studies, 2005, 26 ( 5 ): 101–122.

[ 92 ] MAHER, SIMEON J. SIMOFF, MARY LOU. Analysing participation in collaborative design environments [ J ]. Design studies, 2000, 21 ( 4 ): 119–144.

[ 93 ] MASAKI SUWA, JOHN GERO, TERRY PURCELL. Unexpected discoveries and S–invention of design requirements: important vehicles for a design process [ J ]. Design studies, 2000, 21 ( 8 ): 539–567.

[ 94 ] DORST, KEES, CROSS, NIGEL. Creativity in the design process: co–evolution of problem–solution [ J ]. Design Studies, 2001, 22 ( 5 ): 425–437.

[ 95 ] PEDRO, EREZ. Sketching in design and caid: a theoretical exploration [ D ] Calgary: The University of Calgary, 1999: 1–25.

[ 96 ] N. CROSS, H. CHRISTIAANS, K. DORST. Design expertise amongst student designers [ J ]. Journal of Art and Design Education, 1994, 13 ( 1 ): 39–56.

[ 97 ] CYNTHIA J. ATMANA, JUSTIN R. CHIMKAB, KAREN M, et al. A comparison of freshman and senior engineering design processes [ J ]. Design studies, 1999, 20 ( 2 ): 131–152.

[ 98 ] FRICKE, GERD. Successful approaches in dealing with differently precise design problems [ J ]. Design studies, 1999, 20 ( 5 ): 417–429.

[ 99 ] B.HORN, DIANA. Modeling and quantifying consumer perception of product creativity [ D ]. West Lafayette: Purdue University, 2005.

[ 100 ] RICHARDS, M. Four Ps of Creativity in Encyclopedia of creativity [ M ]. Boston: Academic Press, 1999.

[ 101 ] FINKE, R.A, WARD, T.B, SMITH, S.M. Creative Cognition.Theory, Research and Applications [ M ]. Massachusetts: MIT Press Cambridge, 1992.

[ 102 ] SEGERS, N. Computational representations of words and associations in architectural design. [ D ].TU Eindhoven: Technische Universiteit Eindhoven, 2004: 1–53.

[ 103 ] TATSA, GABRIELA GOLDSCHMIDT, DAN. How good are good ideas? Correlates of design creativity [ J ]. Design studies, 2005, 26 ( 10 ): 593–611.

[ 104 ] GERO. A Terry Purcell and John S. Design and other types of fixation [ J ]. Design

studies，1996，17（10）：363–383.

［105］潘旭伟. 集成情境知识管理中几个关键技术的研究［D］. 杭州：浙江大学，2005：1–20.

［106］ABECKER A，BERNARDI A，HINKELMANN K，ET AL. Toward a technology for organizational memories［J］. Intelligent Systems，1998，13（3）：40–48.

［107］戚永红，宝贡敏. 国外知识管理研究述评［J］. 科研管理，2003，24（6）：36–43.

［108］左美云. 国内外企业知识管理研究综述［J］. 科学决策，2000，（3）：31–37.

［109］LIAO，SHU.HSIEN. Knowledge management technologies and applications［J］. literature review from 1995–2002. Expert system with applications，2003，25（1）：155–164.

［110］OWEN，CHARLES L. Design research：building the knowledge base［J］. Design studies 1998，19（1）：9–20.

［111］BELKIS ULUOGLU. Design knowledge communicated in studio critique［J］. Design studies，2000，21（1）：33–58.

［112］罗仕鉴，朱上上. 用户和设计师的产品造型感知意象［J］. 机械工程学报，2005，41（10）：28–34.

［113］朱上上. 基于知识的产品造型技术［D］. 杭州：浙江大学，2003：1–10.

［114］王知行，林琳，钟诗胜，李江. 知识管理系统中的CBR技术及其应用［J］. CIMS，2003，9（7）：551–554.

［115］WIM MULLER，GERT PASMAN. Typology and the organization of design knowledge［J］. Design studies，1996，111–130.

［116］AMABILE，T.M. The Social Psychology of Creativity［J］. New York：Springer，1983.

［117］AHMED，SAEEMA. Encouraging reuse of design knowledge：a method to index knowledge［J］. Design Studies，2005，26（6）：565–592.

［118］百度百科. 2008. 本体［EB/OL］2008.5.23，http：//baike.baidu.com/view/29987. htm.

［119］CRILLY N，MOULTRIE J，P. JOHN CLARKSON. Seeing things：consumer response to the visual domain in product design［J］. Design studies，2004，25（10）：547–577.

［120］杨志波. 基于Project 2003的项目管理［M］. 北京：电子工业出版社，2004：5–7.

［121］刘征，鲁娜. 基于问题方案共进模型的设计知识获取方法［J］. 中国机械工程，2011，22（10）：1207–1212.

［122］刘征，王昀，胡国生.面向临时团队的产品设计知识管理系统构建［J］. 机械设计，2019，22（10）：58–62.